农作物病虫害原色图谱丛书

小麦病虫害原色图谱

张玉华　主编

河南科学技术出版社
·郑州·

图书在版编目（CIP）数据

小麦病虫害原色图谱 / 张玉华主编. —郑州：河南科学技术出版社, 2017.6(2024.8重印)
（农作物病虫害原色图谱丛书）
ISBN 978-7-5349-8368-9

Ⅰ. ①小… Ⅱ. ①张… Ⅲ. ①小麦-病虫害防治-图谱 Ⅳ. ①S435.12-64

中国版本图书馆CIP数据核字(2017)第007356号

出版发行：河南科学技术出版社
地址：郑州市经五路66号　　邮编：450002
电话：（0371）65737028 65788613
网址：www.hnstp.cn
策划编辑：周本庆　陈淑芹　杨秀芳　编辑信箱：hnstpnys@126.com
责任编辑：陈淑芹
责任校对：金兰苹
装帧设计：张德琛　杨红科
责任印制：张艳芳
印　　刷：永清县晔盛亚胶印有限公司
经　　销：全国新华书店
幅面尺寸：148 mm × 210 mm　　印张：7　　字数：180千字
版　　次：2017年6月第1版　　2024年8月第4次印刷
定　　价：58 .00 元

内容提要

本书共精选对小麦产量和品质影响较大的45种主要病虫害，及其原色图片350多张，重点突出病害田间发展和虫害不同时期的症状识别特征，详细介绍了每种病虫害的分布区域、形态（症状）特点、发生规律及综合防治技术，并对常见的冻害、药害做了图片展示。本书图片清晰，文字浅显易懂，图文并茂，技术先进实用，适合各级农业技术人员和广大农民群众阅读。

农作物病虫害原色图谱丛书

编撰委员会

《小麦病虫害原色图谱》

编写人员

主　　编：张玉华

副 主 编：张云强　李庆林　王艳敏　陈菊荣　张利平　张　庆
郎建玲　文祥朋　刘　宁　杨秀君　支艳英　曹　贤
崔小伟　张东林　张国际　杜若琛

编　　者：王艳敏　王江蓉　支艳英　文祥朋　刘　宁　江治涛
张玉华　张云强　张国际　张利平　张　庆　张东林
李　刚　李庆林　陈菊荣　杜若琛　赵凤君　杨秀君
郎建玲　曹　贤　崔小伟

总序

我国是世界上农业生物灾害发生严重的国家之一，常年发生的为害农作物有害生物(病、虫、鼠、草)1 700多种，其中可造成严重损失的有100多种，有53种属于全球100种最具危害性的有害生物。许多重大病虫害一旦暴发成灾，不仅危害农业生产，而且影响食品安全、人身健康、生态环境、产品贸易、经济发展乃至公共安全。马铃薯晚疫病、水稻胡麻斑病、小麦条锈病的跨区流行和东亚飞蝗、稻飞虱、稻纵卷叶螟的暴发危害都曾给农业生产带来过毁灭性的损失；小麦赤霉病和玉米穗腐病不仅影响粮食产量，其病原菌产生的毒素还可导致人畜中毒和致癌、致畸。专家预测，未来相当长时期内，农作物病虫害发生将呈持续加重态势，监测防控任务会更加繁重。《国家粮食安全中长期规划纲要（2008—2020年）》提出，要通过加大病虫监测和防控工作力度，到2020年，使病虫危害的损失再减少一半，每年再多挽回粮食损失1 000万t。农业部于2015年启动了“到2020年农药使用量零增长行动”，对植保工作提出了新的要求。在此形势下，迫切需要增强农业有害生物防控能力，科学有效地控制其发生和为害，确保人与自然和谐发展。

河南地处中原，气候温和，是我国大区域流行性病害和远距离迁飞性害虫的重发区，农作物病虫害种类多，发生面积大，暴发性强，成灾频率高，据不完全统计，每年各种病虫害发生面积达6亿亩次以上，占全国的1/10，对农业生产威胁极大。近年来，受全球气候变暖、耕作制度变化、农产品贸易频繁等多因素的综合影响，主要农作物病虫害的发生情况出现了重大变化，常发病虫害此起彼伏，新的发生不断传入，田间危害损失呈逐年加重趋势。而另一方面，由于病虫防控时效性强，技术要求高，加之目前我国从事农业生产的劳动者，多数不具备病虫害识别能力，因混淆病虫害而错用或误用农药造成防效欠佳、残留超标、污染加重的情况时有发生，迫切需要一部浅显易懂、图文并茂的专业图书，来指导农民科学防控病虫害。鉴于此，我们组织省内有关专家编写了这套农作物病虫害原色图谱丛书。

该套丛书分《小麦病虫害原色图谱》《玉米病虫害原色图谱》《水稻病虫害原色图谱》《大豆病虫害原色图谱》《花生病虫害原色图谱》《棉花病虫害原色图谱》《蔬菜病虫害原色图谱》7册，共精选350种病虫害原色图片2 000多张，在图片选择上，突出病害田间发展和害虫不同时期的症状识别特征，同时，还详细介绍了每种病虫的分布区域、形态(症状)特点、发生规律及综合防治技术，力求做到内容丰富，图片清晰、图文并茂，科学实用，适合各级农业技术人员和广大农民阅读，也可作为植保科研、教学工作者参考。

农作物病虫害原色图谱丛书是2015年河南省科技著作项目资助出版，得到了河南省科学技术厅与河南省科学技术出版社的大力支持。河南省植保推广系统广大科技人员通力合作，深入生产第一线辛勤工作，为编委会提供了大量基础数据和图片资料，河南农业大学、河南农业科学院有关专家参与了部分病虫害图片的鉴定工作，在此一并致谢！

希望这套系列图书的出版对于推动我省乃至我国植保事业的科学发展发挥积极作用。

河南省植保植检站副站长、研究员

河南省植物病理学会副理事长　吕国强

2016年8月

前言

小麦是我国的主要粮食作物，常年种植面积约占粮食作物总面积的1/4，总产量超过1亿吨，位居世界第一。小麦从播种到收获经历多个季节，生产周期长达8个月，病虫害种类多而复杂，为害期长，成灾频率高。尤其是小麦条锈病、赤霉病、吸浆虫等重大病虫害，一旦暴发成灾，不仅为害农业生产，而且影响食品安全、人身健康、生态环境、产品贸易、经济发展乃至公共安全。

准确识别并及时控制病虫害，是确保小麦生产安全的重要环节。由于病虫害防控时效性强，技术要求高，加之目前我国从事农业生产的劳动者多数不具备病虫害识别能力，因混淆病虫害而错用或误用农药的情况时有发生，迫切需要一部浅显易懂、图文并茂的专业工具书。基于此，我们编写了这本《小麦病虫害原色图谱》，以飨读者。

本书共精选对小麦产量和品质影响较大的45种主要病虫害，及其原色图片350多张，重点突出病害田间发展和虫害不同时期的症状识别特征，详细介绍了每种病虫害的分布区域、形态（症状）特点、发生规律及综合防治技术，同时对生产上常见的冻害、药害做了图片展示，力求做到文字浅显易懂、图文并茂、技术先进实用，适合各级农业技术人员、植保专业化服务组织（合作社）、种植大户和广大农民群众阅读。

在本书的编写过程中，得到了河南省植物保护推广系统广大科技人员的大力支持，在此一并致谢！由于编者水平有限，加之受基层拍摄设备等因素的限制，书中图片所展示的病虫害种类距生产实际尚有一定差距，图片、文字资料若有谬误之处，敬请广大读者、同行谅解并批评指正。

编者

2015年6月

目录

第一部分 小麦病害

一、小麦锈病

分布与为害

小麦锈病俗称黄疸病，包括条锈病、叶锈病和秆锈病三种。我国凡是有小麦种植的区域，都有一种或两三种锈病发生，广泛分布于我国各小麦产区。其中条锈病主要分布在华北、西北、淮北等北方冬麦区和西南的四川、重庆、云南；叶锈病主要分布在东北、华北、西北、西南小麦产区；秆锈病主要分布在华东沿海、长江流域中下游和南方

图 1　小麦条锈病大田为害状

冬麦区及东北、西北，尤其是内蒙古等地的春麦区，以及云、贵、川西南的高山麦区。

小麦锈病的为害特点是发展快、传播远，能在短时间内造成大面积流行。尤其小麦条锈病，是典型的远距离传播流行性病害，在菌源充足和条件适宜时，从出现发病中心（图1、图2）到大面积流行，时间很短，极易造成严重损失（图3～6）。同时，

图2　小麦条锈病病叶

图3　小麦条锈病大田前期为害状

图4　小麦条锈病大田后期为害状

图5　小麦条锈病病菌地面散落的夏孢子

图 6　小麦条锈病颖壳、籽粒症状

图 7　小麦叶锈病大田为害状

小麦叶锈病和秆锈病也能给小麦造成很大为害（图 7 ～ 10）。如果三种锈病混合发生，则为害程度加重。

图 8　小麦叶锈病大田为害状，叶部症状

图 9　小麦秆锈病病秆

图 10　小麦秆锈病大田为害状

症状特征

三种锈病症状的共同特点是在受害叶片、茎秆或叶鞘上形成鲜黄色、橘红色、红褐色或深褐色的夏孢子堆。三种锈病的夏孢子堆在小麦叶片、茎秆或叶鞘上的排列方式各有特点，通常概括为“条锈成行叶锈乱，秆锈是个大红斑”，这也是区分三种锈病的典型识别特征（图 11 ~ 13）。

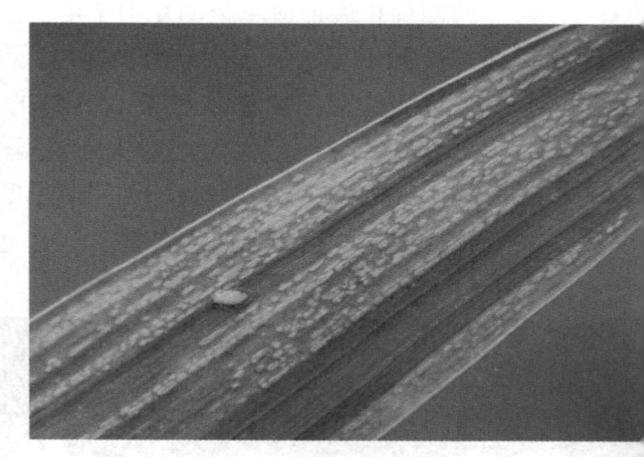

图 11　小麦条锈病病菌夏孢子堆在小麦叶片上成行排列，呈虚线状

图 12　小麦叶锈病病菌橘红色夏孢子堆在小麦叶片上散乱排列

图 13　小麦秆锈病病菌叶鞘上呈红斑状的夏孢子堆

小麦条锈病主要为害叶片，也为害叶鞘、茎秆、穗部。从侵染点向四周扩展形成单个的夏孢子堆，多个夏孢子堆在叶片上成行排列，与叶脉平行，呈虚线状（图 14）。夏孢子堆鲜黄色，长椭圆形，孢子堆破裂后散出粉状孢子（图 15）。叶锈病主要为害叶片，夏孢子堆在叶片上散生，无规则排列，橘红色，圆形至椭圆形（图 16、图 17）。秆锈病主要为害茎秆和叶鞘，夏孢子堆排列散乱无规则，深褐色，孢子堆大，长椭圆形（图 18），并且夏孢子堆穿透叶片的能力较强。

图 14　小麦条锈病病菌夏孢子堆连成虚线状

图 15　小麦条锈病病菌孢子堆破裂散出粉状孢子

图 16　小麦叶锈病病菌散乱排列的橘红色夏孢子堆

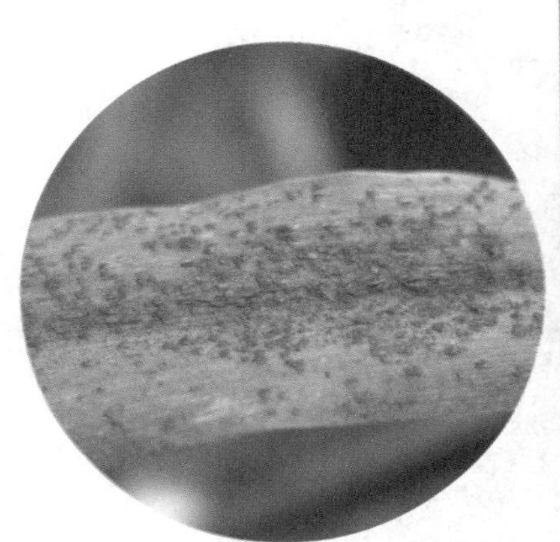

图 17 小麦叶锈病病菌夏孢子堆在叶片散乱排列

图 18 小麦秆锈病病菌散乱排列在叶鞘上的深褐色夏孢子堆

三种锈病发病后期都会在小麦病部表皮下形成黑色冬孢子堆（图 19 ~ 21）。条锈病和叶锈病的冬孢子堆呈短线状，扁平，常数个融合，埋伏在表皮内，成熟时不开裂，可区别于小麦秆锈病。

图 19 小麦条锈病病菌冬孢子堆

图 20 小麦叶锈病病菌冬孢子堆

图 21　小麦秆锈病病菌冬孢子堆

发生规律

小麦条锈病病菌越冬的低温界限为最冷月份月均温 -6 ~ -7℃，如有积雪覆盖，即使低于 -10℃仍能安全越冬。华北以石德线到山西介休、陕西黄陵一线为界，以北虽能越冬但越冬率很低，以南每年均能越冬且越冬率较高。黄河以南不仅能安全越冬且越冬叶位较高。再南到四川盆地、鄂北、豫南一带，冬季温暖，小麦叶片不停止生长，加上湿度较大，条锈病病菌持续逐代侵染，已不存在越冬问题。

条锈病病菌以夏孢子在小麦为主的麦类作物上逐代侵染而完成周年循环。夏孢子在寄主叶片上，在适合的温度（14 ~ 17℃）和有水滴或水膜的条件下侵染小麦。三种锈病病菌的夏孢子在萌发和侵染上的共同点是都需要液态水，侵入率和侵入速度取决于露时和露温，露时越长，侵入率越高；露温越低，侵入所需露时越长。在侵染上的不同点主要是三者要求的温度不同，条锈病病菌最低，叶锈病病菌居中，秆锈病病菌最高。

条锈病病菌在小麦叶片组织内生长，潜育期长短因环境不同而异。当有效积温达到 150 ~ 160℃时，便在叶面上产生夏孢子堆。每个夏孢子堆可持续产生夏孢子若干天，夏孢子繁殖很快。这些夏孢子可随风传播，甚至可被强大的气流带到 1 500 ~ 4 300m 的高空，吹送到几百甚至上千千米以外的地方而不失活性，进行再侵染。因此，条锈病病菌借助风力吹送，在高海拔冷凉地区晚熟春麦和晚熟冬麦自生麦苗上越夏，在低海拔温暖地区的冬麦上越冬，完成周年循环。

条锈病病菌在高海拔地区越夏的菌源及其邻近的早播秋苗菌源，借助秋季风力传播到冬麦地区进行为害。在陇东、陇南一带 10 月初就可见到病叶，黄河以北平原地区 10 月下旬以后可以见到病叶，淮北、豫南一带在 11 月以后可以见到病叶。在我国黄河、秦岭以南较温暖的地区，小麦条锈病病菌不须越冬，从秋季一直到小麦收获前，可以不断侵染和繁殖为害。但在黄河、秦岭以北冬季小麦生长停止地区，病菌在最冷月日均气温不低于 -6℃，或有积雪不低于 -10℃的地方，主要以潜育菌丝的状态在未冻死的麦叶组织内越冬，待翌年春季温度适合生长时，再繁殖扩大为害。

小麦条锈病在秋季或春季发病的轻重主要与夏、秋季和春季雨水的多少、越夏越冬的菌源量和感病品种的面积大小关系密切。一般来说，秋冬、春夏交替时雨水多，感病品种面积大，菌源量大，条锈病就发生重，反之则轻。

防治措施

小麦锈病的防治应贯彻“预防为主，综合防治”的植保方针，重点抓好应急防治。防治应做到准确监测，带药侦察，发现一点，控制一片，坚持点片防治与普治相结合，群防群治与统防统治相结合，把损失降到最低限度。

1. 农业防治　选用抗病品种，合理布局，切断菌源传播路线。

2. 化学防治

（1）药剂拌种：用 6% 戊唑醇悬浮种衣剂 50 ~ 65mL，或用 15% 三唑酮可湿性粉剂 150g，或 20% 三唑酮乳油 150mL，拌小麦种子 100kg。拌种时要严格掌握用药剂量，力求均匀，拌过的种子应当日播完，避免发生药害。

（2）大田喷药：对早期出现的发病中心要及时控制，避免其蔓延，当病叶率达到 0.5% ~ 1% 时应立即进行普治。每亩用 15%三唑酮可湿性粉剂 60 ~ 80g，或 12.5% 烯唑醇可湿性粉剂 30 ~ 40g，或 75%拿敌稳水分散粒剂 10g，或 20% 三唑酮乳油 45 ~ 60mL，对水 40 ~ 50kg 喷雾防治，并及时查漏补喷。

二、小麦白粉病

分布与为害

小麦白粉病广泛分布于我国各小麦产区，原在山东沿海、四川、贵州、云南、河南发生普遍，为害也重，20世纪80年代以来，由于水肥和播种密度增加，该病在东北、华北、西北麦区也日趋严重。小麦受害后，可致叶片早枯，分蘖数减少，成穗率降低，千粒重下降。一般可造成减产10%左右，严重的达50%以上，是影响小麦生产的主要病害之一（图1）。

图1　小麦白粉病大田为害状

症状特征

小麦白粉病在小麦各生育期均可发生，能够侵害小麦植株地上部各器官，主要为害叶片（图 2、图 3），也可为害叶鞘、茎秆、穗部颖壳和麦芒（图 4 ～ 6）。小麦白粉病病菌是一种表面寄生菌，以吸胞

图 2　小麦白粉病叶片症状，发病初期的独立病斑

图 3　小麦白粉病叶片症状，发病后期病斑相连布满叶片

图 4　小麦白粉病叶鞘症状

图 5　小麦白粉病麦芒症状

图 6　小麦白粉病穗部症状

伸入寄主表皮细胞吸取寄主营养，病菌菌丝体在病部表面形成绒絮状霉斑，上有一层粉状霉。霉斑最初为白色，后渐变为灰色至灰褐色（图 7、图 8），后期上面散生黑色小点，即病原菌的闭囊壳（图 9、图 10）。

图 7　小麦白粉病，发病初期，叶部白色粉状霉层

图 8　小麦白粉病，发病后期，叶部灰褐色霉斑

图 9　小麦白粉病，发病后期叶鞘茎秆上的闭囊壳（小黑点）

图 10　小麦白粉病，发病后期叶片上的闭囊壳（小黑点）

发生规律

小麦白粉病病菌是专性寄生菌，只能在活的寄主上繁殖。病菌以分生孢子在夏季最热的一旬、平均气温小于23.5℃地区的自生麦苗上越夏，或以潜育状态越夏。越夏期间，病菌不断侵染自生麦苗，并产生分生孢子。病菌也可以闭囊壳在低温干燥的条件下越夏并形成初侵染源，菌丝体或分生孢子在秋苗基部、叶片组织中或上面越冬。

病菌靠分生孢子或子囊孢子借气流传播到小麦叶片上，遇适宜的温、湿度条件即萌发长出芽管，芽管前端膨大形成附着胞和入侵丝，穿透叶片角质层，侵入表皮细胞形成吸器并向寄主体外长出菌丝，后在菌丝中产生分生孢子梗和分生孢子，成熟后脱落，随气流传播蔓延，进行多次再侵染。

病菌越夏后，首先感染越夏区的秋苗，引起发病并产生分生孢子，后向附近及低海拔地区和非越夏区传播，侵害这些地区的秋苗。越夏区小麦秋苗发病较早且严重。早春气温回升，小麦返青后，潜伏越冬的病菌恢复活动，产生分生孢子，借气流传播扩大为害。

该病的发生与气候和栽培条件密切相关，发生的适宜温度为15～20℃，低于10℃发病缓慢。相对湿度大于70%时易造成病害流行。少雨地区当年雨多则病重；多雨地区如果雨日、雨量过多，冲刷掉了叶片表面的分生孢子，既不利于侵入也不利于分生孢子的产生和传播，同时，在叶面过多的游离水中白粉病病菌分生孢子不能萌发，反而减轻病情。另外，种植密度大、施氮过多，会造成植株贪青的发病重。管理不当、水肥不足、土地干旱、植株生长衰弱、抗病力低，也易发生白粉病。

防治措施

1. 农业防治 选用抗（耐）病品种。大力推广秸秆还田技术，麦收后及时耕翻灭茬，铲除杂草及自生麦苗，清洁田园；合理密植和施用氮肥，适当增施有机肥和磷钾肥；改善田间通风透光条件，降低田间湿度，增强植株的抗病能力。

2. 化学防治

（1）种子处理：用 6% 戊唑醇悬浮剂 50mL，拌小麦种子 100kg。

（2）早春防治：早春病株率达 15% 时，用 15% 三唑酮可湿性粉剂每亩 50 ~ 75g，对水 40 ~ 50kg 喷雾，能取得较好的防治效果。

（3）生长期施药：孕穗期至抽穗期病株率达 15% 或病叶率达 5%，每亩用 15% 三唑酮可湿性粉剂 60 ~ 80g，或 12.5% 烯唑醇可湿性粉剂 30 ~ 40g，或 75%拿敌稳水分散粒剂 10g，或 25% 丙环唑乳油 25 ~ 40mL，或 40% 多 · 酮可湿性粉剂 75 ~ 100mL，对水 40 ~ 50kg 喷雾。

三、小麦纹枯病

分布与为害

小麦纹枯病又称立枯病、尖眼点病，广泛分布于我国小麦产区，近年来为害有加重趋势。主要为害小麦叶鞘、茎秆，小麦受害后，轻者因输导组织受损而形成枯白穗，籽粒灌浆不足，千粒重降低；重者造成小麦单株或成片死亡（图 1、图 2）。一般减产 10% 左右，严重者减产 30% ~ 40%，是影响小麦产量和品质的主要病害之一。

图 1 小麦纹枯病，大田为害状

图 2 小麦纹枯病，基部叶鞘上的云纹状病斑

症状特征

小麦纹枯病主要侵染小麦叶鞘和茎秆，小麦受害后，在不同生育阶段所表现的症状不同。幼苗发病初期，在地表或近地表的叶鞘上产生黄褐色椭圆形或梭形病斑（图3、图4），后病部颜色变深，病斑逐渐扩大而相连形成云纹状（图5），并向内侧发展为害茎秆（图6），重

图3　小麦纹枯病，发病初期，近地表叶鞘上的病斑

图4　小麦纹枯病发病初期，基部叶鞘上的黄褐色病斑

图5　小麦纹枯病，病斑相连形成云纹状

图6　小麦纹枯病，穿透叶鞘侵染茎秆

病株基部一、二节变黑甚至腐烂死亡，形成枯白穗。潮湿条件下，病部出现白色菌丝体，有时出现白色粉状物（图 7、图 8），后期在病部形成黑色或褐色菌核（小黑点）（图 9、图 10）。

图 7　小麦纹枯病，潮湿条件下病部的白色菌丝体

图 8　小麦纹枯病，病部出现白色菌丝体

图 9　小麦纹枯病，后期病部形成黑色菌核（小黑点）

图 10　小麦纹枯病，放大的病部黑色菌核（小黑点）

发生规律

病菌以菌核或菌丝体在土壤中或附着在病残体上越夏或越冬，成为初侵染主要菌源。在北方冬麦区，纹枯病发生和发展大致可分为冬前发生期、越冬期、早春返青上升期、拔节后盛发期和抽穗后稳定期五个阶段。小麦播种发芽后，接触土壤的叶鞘被纹枯病病菌侵染，在土表处形成椭圆形或梭形病斑。此期病株较少，多零星发生，播种早的田块冬前有一个明显的侵染高峰；冬季小麦进入越冬期，纹枯病发展缓慢或停止发展，病株率变化小；早春小麦返青后随气温升高，病情主要在分蘖之间横向发展，病株率明显增加；伴随小麦拔节，病情开始向地表以上叶鞘发展，严重时病菌穿透叶鞘侵染茎秆，病株率和严重度急剧增长，形成冬后发病高峰；小麦抽穗后病株率无太大变化，病情趋于稳定，但小麦茎秆为害严重度增加，严重的可造成田间枯白穗。在温暖地区，小麦无明显的越冬期，纹枯病病菌也无越冬期，而是继续发生发展，春季为害程度会较重。

小麦纹枯病属土居性病害，该病发生与气候和栽培条件密切相关。气温和土壤湿度是影响病情的主要因素，日均气温 20 ~ 25℃时病情发展迅速，高于 30℃病情受抑制，高于 32.5℃病害停止发展。小麦播种过早，冬前旺长，偏施氮肥或施用带有病残体而未腐熟的粪肥，群体大的麦田发病重；秋、冬季气温偏高，春季多雨，病田连作有利于发病。高沙土地纹枯病重于黏土地，黏土地重于盐碱地。小麦品种间对病害的抗性差异大。

防治措施

防治上应强化农业防治，即种子处理与生长期防治相结合的综合防治措施。

1. 农业防治 选用抗（耐）病品种，合理轮作；科学配方施肥，增施腐熟的有机肥，忌偏施、过量施用氮肥，控制小麦旺长；适期迟播，合理密植，培育壮苗，防止田间郁闭；合理浇水，忌大水漫灌，雨后及时排涝，做到田间无积水，保持田间较低的湿度。

2. 化学防治

（1）药剂拌种：用6%戊唑醇悬浮种衣剂50 ~ 65mL，或3%苯醚甲环唑悬浮种衣剂200 ~ 300mL，或15%三唑醇可湿性粉剂200 ~ 300g，拌麦种100kg。拌种时应严格控制用药量，避免影响种子发芽。

（2）生长期防治：在小麦返青至拔节前，田间平均病株率达10% ~ 15%应迅速防治。每亩用5%井冈霉素水剂100 ~ 150mL，或20%井冈霉素可湿性粉剂30g，对水60 ~ 75kg喷雾；或12.5%烯唑醇可湿性粉剂45 ~ 60g，或25%丙环唑乳油30 ~ 40g，对水40 ~ 50kg喷雾。喷雾时要重点喷洒小麦茎基部，使植株中下部充分着药，提高防治效果。

四、小麦赤霉病

分布与为害

小麦赤霉病又名红头瘴、烂麦头，在全国各地均有分布，以长江中下游冬麦区、西南各省和东北春麦区发生最重，长江上游冬麦区和华南冬麦区常有发生。20世纪80年代中期在华北大流行后，该病逐渐成为江淮、黄淮冬麦区的重要病害，近年来为害有加重趋势。

该病主要为害小麦，感病籽粒的千粒重和出粉率降低，作种子时发芽率下降，发芽势减弱。一般发生年减产10%～20%，大流行年份田间白穗率高达40%以上，并且严重度增加，枯死小穗数占整个麦穗数的1/2以上，减产严重（图1）。因感染了赤霉病的小麦籽粒含有毒素，病粒超过一定比例

图1　小麦赤霉病，大田为害状

时人畜无法食用，因此，一旦发生小麦赤霉病，将严重影响小麦产量和品质（图 2）。

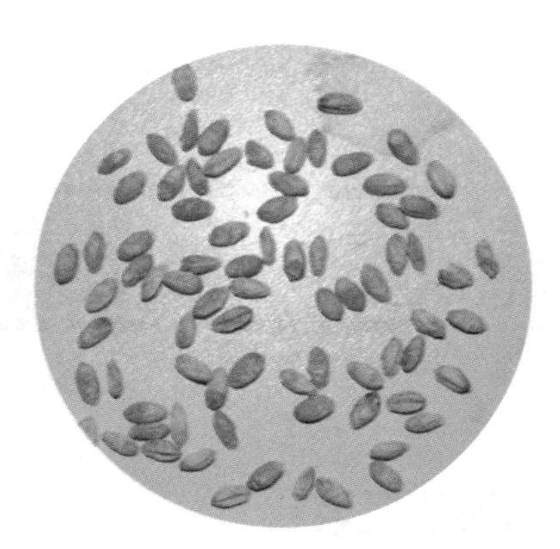

图 2 小麦赤霉病，感病籽粒

症状特征

赤霉病在小麦各生育期均可发生，苗期侵染引起苗腐，中后期侵染引起秆腐和穗腐，其中影响最大的是穗腐，通常在小麦灌浆期发生最重。最初在小穗颖壳上出现水渍状淡褐色病斑，逐渐扩大至整个小穗，小穗随即枯死（图 3、图 4）。雨露较多或田间潮

图 3 小麦赤霉病，发病初期颖壳症状

图 4 小麦赤霉病，发病初期小穗症状

湿时，在小麦颖壳合缝处或小穗基部产生粉红色胶质霉层（图 5、图 6）。当病菌侵害穗轴或穗茎时，被侵害部位及以上部位枯死，损失更重（图 7 ~ 11）。发生穗枯后多不能灌浆，籽粒瘪瘦，千粒重降低（图 12）。病害发展至后期，多雨湿润季节，小穗基部或颖壳上发生黑色小颗粒，即病菌的子囊壳。

图 5　小麦赤霉病，颖壳合缝处生粉红色霉层

图 6　小麦赤霉病，病部生粉红色胶质霉层

图 7　小麦赤霉病，病菌侵染穗轴，穗轴变褐色

图 8　小麦赤霉病，穗轴受害，穗上部枯死

图 9　小麦赤霉病，穗轴受害，穗中间部分枯死

图 10　小麦赤霉病，穗茎受害变褐色，整穗枯死

图 11　小麦赤霉病，穗茎受害变褐色，整穗枯死

图 12 小麦赤霉病，病穗（左）瘦长，与健穗（右）对比明显

发生规律

小麦赤霉病病菌以腐生状态在田间残留的稻茬、玉米秸秆、小麦秆等各种植物残体上越夏、越冬。春天，病菌在一定温、湿度条件下发育产生子囊壳，成熟后吸水破裂，壳内子囊孢子喷射到空气中并随风雨传播（微风有利于传播）到麦穗上，引起发病。小麦收获后，病菌又寄生于田间稻茬、麦秆上越夏、越冬。

该病是一种典型的气候性病害，其典型病程是在小麦扬花期侵染、灌浆期显症、成熟期成灾。赤霉病病菌在小麦扬花至灌浆期都能侵染为害，尤其以扬花期侵染为害最重。病情轻重与品种的抗病性、菌源量多少及天气关系密切。小麦抽穗扬花期的雨日数和雨量是病害发生轻重的最关键因素。若抽穗前有降水，扬花期又遇 3d 以上连阴雨天气，小麦品种抗病性差，该病害就极有可能流行为害。

在品种抗病性上，穗形细长、小穗排列稀疏、抽穗扬花整齐集中、花期短、残留花药少、耐湿性强的品种比较抗病。

防治措施

1. 农业防治 选用穗形细长、小穗排列稀疏、抽穗扬花整齐集中、花期短、残留花药少的抗（耐）病性强的品种。根据当地常年小麦扬花期雨水情况适期播种，避开扬花多雨期，做好栽培避病。加强肥水管理，合理浇水，及时排涝；合理配方施肥，增施磷、钾肥，增强小麦抗病性。

2. 化学防治 小麦赤霉病化学防治的关键是在小麦抽穗扬花期及时喷药预防，小麦抽穗 10% 至扬花初期是第一次喷药的关键时期，感病品种或适宜发病年份 1 周后补喷 1 次。防治药剂每亩可用 80% 多菌灵可湿性粉剂 60 ~ 80g，或 40% 多菌灵胶悬剂 150mL，或 50% 甲基硫菌灵可湿性粉剂 100 ~ 150g，或 30% 多唑酮可湿性粉剂 100 ~ 130g，或 30% 已唑醇悬浮剂 8 ~ 12g，或 25% 氰烯菌酯悬浮剂 100 ~ 200g，对水 40kg 喷雾防治。喷药时要重点喷洒小麦穗部，喷药后遇雨需重喷。

五、小麦全蚀病

分布与为害

小麦全蚀病又名黑脚病，是一种毁灭性较大的病害，1931 年前后在我国浙江发现此病，目前已蔓延至山东、山西、内蒙古、宁夏、甘肃、青海、陕西、黑龙江、新疆、西藏、云南、贵州、四川、江苏、河北、河南、安徽、福建、辽宁、上海、湖北 22 个省（区、市），以山东、河南、甘肃、宁夏等地为害最重。

小麦受害后，可导致次生根变少，植株矮化，分蘖减少，成穗率降低，千粒重下降（图 1 ~ 3）。发病越早，减产幅度越大。拔节前显病的植株，常常早期枯

图 1　小麦全蚀病，病株（左）与健株（右）株高对比，病株矮化

死。拔节期显病的植株，减产 50% 左右；灌浆期以后显病的，减产 20% 以上。全蚀病扩展蔓延较快，麦田从零星发病到成片死亡，一般仅需 3 年左右（图 4、图 5）。

图 2　小麦全蚀病，病株（左）与健株（右）根系对比，病株次生根减少

图 3　小麦全蚀病，病株籽粒（左）与健株籽粒（右）对比，病株籽粒秕瘦

图 4　小麦全蚀病，小麦点片提早枯死

图 5　小麦全蚀病，小麦大面积提前死亡

症状特征

小麦全蚀病是一种典型的根部病害，病菌只侵染小麦根部和茎基部 15cm 以下部位，地上部的症状是根部和茎基部受害所引起的。受土壤菌量和根部受害程度的影响，田间症状显现期不一。轻病地块，在小麦灌浆期病株呈现零星或成簇早枯白穗，远看与绿色健株形成明显对照；重病地块，在拔节后期即出现若干矮化发病中心，麦苗高低不平，中心病株矮、黄、稀疏，极易识别。各期症状主要特征如下：

1. 分蘖期 在分蘖期，地上部多无明显症状，仅重病植株表现稍矮，基部黄叶多。冲洗小麦根系可见种子根与地下茎变灰黑色（图 6）。

2. 返青拔节期 在返青拔节期，病株返青迟缓，分蘖少，黄叶多，拔节后期重病株矮化、稀疏，叶片自下向上变黄，似干旱、缺肥（图 7）。拔出可见植株种子根、次生根大部分变黑。横剖病根，根轴变黑。在茎基部表面和叶鞘内侧，生有较明显的灰黑色菌丝层。

图 6 小麦全蚀病，分蘖期地下茎受害变灰黑色

图 7 小麦全蚀病，返青拔节期麦苗矮小发黄，似缺肥状

3. 抽穗灌浆期　在抽穗灌浆期，病株成簇或点片出现枯白穗（图8、图9），在潮湿麦田中，茎基部表面形成“黑脚”，后颜色加深呈黑膏药状（图10 ~ 13），其上密布黑褐色颗粒状子囊壳（图14）。

上述症状可以概括为“三黑一白”，“三黑”即黑根、黑脚、黑膏药，“一白”即枯白穗，是区别于其他小麦根腐类病害的主要特征。

图8　小麦全蚀病，小麦成簇提前枯死

图9　小麦全蚀病，小麦成片提前枯死

图10　小麦全蚀病，茎基部形成黑脚，单个病株

图11　小麦全蚀病，茎基部形成黑脚，成丛病株

图 12　小麦全蚀病，茎基部呈黑膏药状

图 13　小麦全蚀病，茎基部黑脚症状（水洗后拍照）

图 14　小麦全蚀病，病部小黑点（子囊壳）

发生规律

小麦全蚀病病菌是一种土壤寄居菌。病菌较好气，发育温度 3 ~ 35 ℃，适宜温度 19 ~ 24 ℃，致死温度为 52 ~ 54 ℃（温热）10min。病菌以菌丝体在田间小麦残茬、夏玉米等夏季寄主的根部以及混杂在场土、麦糠、种子间的病残组织上越夏，是后茬小麦的主要侵染源。引种混有病残体的种子是无病区发病的主要原因。小麦播种后，菌丝体从麦苗种子根侵入。在菌量较大的土壤中冬小麦播种后 50d，麦苗种子根即受害变黑。病菌以菌丝体在小麦的根部及土壤中病残组织内越冬。小麦返青后，随着地温升高，菌丝增殖加快，沿根扩展，向上侵害分蘖节和茎基部。拔节后期至抽穗期，菌丝蔓延侵害茎基部1～2节，致使病株陆续死亡，田间出现早枯白穗。小麦灌浆期病势发展最快。遇干热风，病株加速死亡。

小麦全蚀病的发生与耕作制度、土壤肥力、耕作条件等密切相关。连作病重，轮作病轻；小麦与夏玉米1年两作，多年连种，病害发生重；土质疏松，土壤肥力低，碱性土壤，氮、磷、钾比例失调，尤其是缺磷地块，病情加重，增施腐熟有机肥可减轻发病；冬小麦早播发病重，晚播发病轻；另外，感病品种的大面积种植，也是加重病害发生的原因之一。

防治措施

根据小麦全蚀病的发病规律和各地防病经验，要控制病害，必须做到保护无病区、封锁零星病区，采用综合防治措施压低老病区病情。

1. 植物检疫　控制和避免从病区引种。如确需调出良种，要选无病地块留种，单收单打，风选扬净，严防种子间夹带病残体传病；同时，要严格做到播种时药剂处理。

2. 农业防治

（1）减少菌源：新病区零星发病地块要机收的小麦，留茬16cm以上，单收单打。病地麦粒不作种，麦糠不沤粪，严防病菌扩散。有病地块停种2年小麦、玉米等寄主作物，改种大豆、高粱、油菜、棉花、蔬菜、甘薯和麻类等非寄主作物。

（2）定期轮作倒茬：

①大轮作。有病地块每2～3年定期停种一季小麦，改种蔬菜、棉花、油菜、春甘薯等非寄主作物，也可种植春玉米。大轮作可在麦田面积较小的病区推广。

②小换茬。小麦收获后，复种一季夏甘薯、伏花生、夏大豆、高粱、秋菜（白菜、萝卜）等非寄主作物后，再直播或移栽冬小麦。有水利条件的地区，实行稻、麦水旱轮作，防病效果也较明显。轮作换茬要结合培肥地力，并严禁施入病粪，否则病情回升快。

3. 化学防治

（1）土壤处理：播种前选用70%甲基硫菌灵可湿性粉剂每亩2 ~ 3kg，加细土20 ~ 30kg混匀，均匀施入播种沟中。

（2）药剂拌种：用12.5%硅噻菌胺悬浮剂20mL，或用15亿/g荧光假单胞杆菌水分散粒剂100 ~ 150g，或用2.5%咯菌腈悬浮种衣剂10 ~ 20mL＋3%苯醚甲环唑悬浮种衣剂50 ~ 100mL，拌麦种10kg。

（3）药剂灌根：小麦返青期，用15亿/g荧光假单胞杆菌水分散粒剂每亩100 ~ 150g，对水150kg灌根。

六、小麦胞囊线虫病

分布与为害

小麦胞囊线虫病是近年来发生的一种新病害，现已在澳大利亚、美国、英国、德国、俄罗斯、加拿大、日本、印度、中国等 40 个国家发生为害。我国 1989 年在湖北首次报道了该病，目前该病分布于湖北、河北、河南、北京、山西、陕西、内蒙古、青海、甘肃、山东、安徽、江苏和宁夏 13 个省（市、区）。小麦受害后叶片发黄似干旱缺肥状，生长缓慢，分蘖少，成穗率降低，穗粒数减少。一般能造成小麦减产 20% ~ 30%，严重的减产 50% 以上，甚至绝收（图 1 ~ 4）。

图 1　小麦胞囊线虫病，大田受害状，苗期

图 2　小麦胞囊线虫病，大田受害状，抽穗期

图 3　小麦胞囊线虫病，病株（右）与健株（左）株高对比，病株矮化

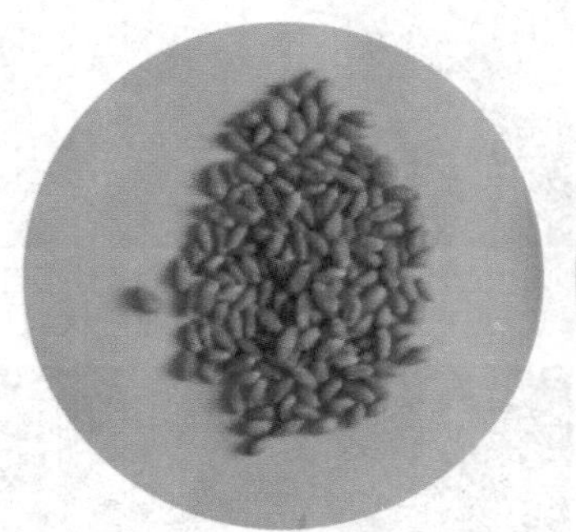

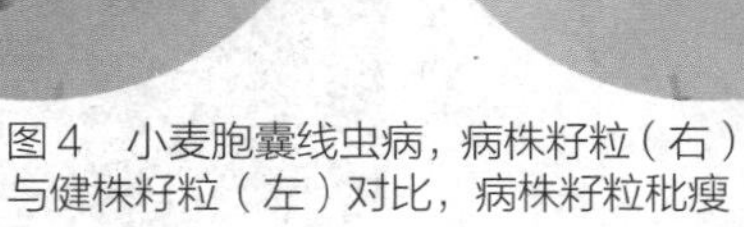

图 4　小麦胞囊线虫病，病株籽粒（右）与健株籽粒（左）对比，病株籽粒秕瘦

症状特征

小麦胞囊线虫为植物固定性内寄生线虫，侵入小麦根系后导致小麦根系发育异常，影响养分的输送和积累。小麦受害后在不同的生育期表现出的症状不一，地上部的表现症状是小麦胞囊线虫为害小麦根系所致。

1. 苗期　地上部表现为植株矮化，叶片发黄，麦苗瘦弱，分蘖明显减少或不分蘖，似缺肥缺水状，小麦根分叉多而短，根部出现大量根结，病、健株根系差别明显（图 5、图 6）。

图 5　小麦胞囊线虫病，小麦根分叉多而短，根部出现根结

图 6　小麦胞囊线虫病，小麦苗期叶片发黄，似缺肥状

图 8　小麦胞囊线虫病，小麦苗期根部形成大量根结，扭结成须根团

图 7　小麦胞囊线虫病，拔节期病株（左）与健株（右）株高对比，病株矮化

2. 拔节期 病株生长势弱，明显矮于健株（图 7）。病苗在田间分布不均匀，常成片发生。地下部分根系有多而短的分叉，形成大量根结，严重时扭结成乱麻状须根团（图 8）。

3. 灌浆期 小麦群体常现绿中加黄、高矮相间的山丘状；根部可见大量白色胞囊（图 9、图 10）；成穗少，穗小粒少，产量低。

图 9 小麦胞囊线虫病，根部附着的大量胞囊

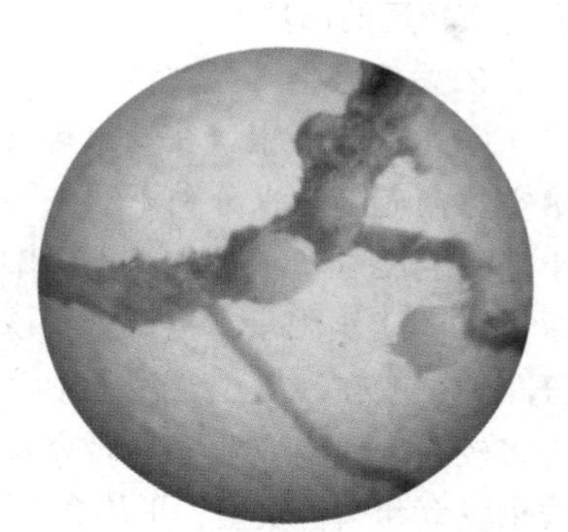

图 10 小麦胞囊线虫病，附着在根上的胞囊（放大）

发生规律

1. 生活史 该线虫在我国一般 1 年发生 1 代，主要以胞囊在土壤中越夏。当秋季气温降低，土壤湿度合适时，越夏胞囊内的卵先孵化成 1 龄幼虫，在卵内蜕皮后破壳而出变为 2 龄幼虫。2 龄侵染性幼虫侵入小麦根部，在根内发育至 3 ~ 4 龄，4 龄幼虫蜕皮后发育为雌成虫（柠檬形）（图 11）或雄成虫（线形）。雄成虫进入土壤寻找雌成虫交配后死去，而雌成虫定居原处取食为害，开始孕卵，其体躯急剧膨大，撑破寄主根部表皮现露于根表，以后进一步发育老熟，成为褐色胞囊，胞囊一旦老熟，很容易从根上脱落至土壤中，因此，

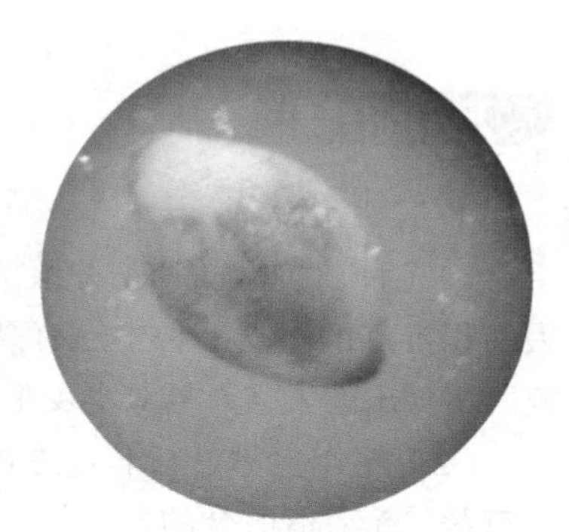

图 11 小麦胞囊线虫，雌成虫（放大）

田间调查胞囊的最佳时期是小麦抽穗扬花期。随着小麦的根系成熟黄朽，胞囊变褐老熟，脱落遗散于土中，成为下一季作物的初侵染源。

2. 传播途径　土壤是该线虫传播的主要途径，耕作、流水、农事操作及人畜带的土壤等可以近距离传播，农机具和种子携带带有线虫的土块可以远距离传播。在澳大利亚，大风形成的扬沙可以将线虫胞囊传至较远的田块。

3. 发病条件

（1）气候因素：在幼虫孵化时期，恰逢天气凉爽而土壤湿润，土壤空隙内充满的水分利于幼虫孵化并向植株根部移动，为害严重；在小麦的生长季节，干旱或早春出现低温天气，受害加重。

（2）土壤因素：据调查，该线虫在除红棕土外的各类土壤中均有分布。一般在沙壤土及沙土中该线虫群体大、为害严重，黏重土壤中为害较轻。河南农业大学研究发现，土壤含水量过高或过低均不利于线虫发育和病害发生，平均含水量 8% ~ 14% 有利于发病。

（3）肥水因素：氮肥能够抑制该线虫群体增长，钾肥则刺激该线虫孵化及生长。土壤水肥条件好的田块，小麦生长健壮，损失较小；土壤肥水状况差的田块，则损失较大。

（4）作物及品种：小麦、大麦、燕麦等多种禾谷类作物都是该线虫的寄主，但感病程度有所不同。在河南省，小麦是该线虫的主要寄主作物，不同小麦品种间对该线虫的抗（耐）病性存在明显差异。

防治措施

1. 农业防治

（1）种植抗病品种：种植抗病品种是经济有效的防治措施。目前大面积推广的小麦品种中没有高抗品种，由河南省农业科学院作物研究所培育出的太空 6 号对小麦胞囊线虫表现出一定的抗性。

（2）轮作：通过与非寄主植物（如豆科植物大豆、豌豆及三叶草和苜蓿等）和不适合的寄主植物（如玉米等）轮作，可以降低土壤中小麦胞囊线虫的种群密度，与水稻、棉花、油菜连作 2 年后种植小麦，或与胡萝卜、绿豆轮作 3 年以上，可有效防治小麦胞囊线虫病。

（3）适当调整播种期：土壤温度对小麦胞囊线虫的生活史及其对寄主植物的为害性存在很大的影响，低温可以刺激卵的孵化和抑制寄主根系的生长。因此，调节小麦播种期，适当早播，可以减少病害损失。随温度的降低，大量 2 龄幼虫孵化时，小麦根系已经发育良好，抗侵染能力增强，发病减轻。

（4）合理施肥和灌水：适当增施氮肥和磷肥，改善土壤肥力，促进植株生长，可降低小麦胞囊线虫的为害程度，而偏施钾肥可以加重病情。干旱时应及时灌水，能有效减轻为害。

2. 化学防治　在小麦播种期用 10% 克线磷颗粒剂或 10% 噻唑磷颗粒剂，每亩 300 ~ 400g，播种时沟施，能在一定程度上降低该线虫的为害。

七、小麦叶枯病

分布与为害

小麦叶枯病是引起小麦叶斑和叶枯类病害的总称，广泛分布于我国小麦种植区。小麦叶枯病通常分为黄斑叶枯病、雪霉叶枯病、链格孢叶枯病、根腐叶枯病、壳针孢叶枯病和葡萄孢叶枯病等。多雨年份和潮湿地区发生比较严重。一般减产 10% ~ 30%，重者减产 50% 以上（图 1、图 2）。

图 1　小麦叶枯病，大田为害状，叶片受害发黄

图 2　小麦叶枯病，大田为害状，叶片受害枯死

症状特征

小麦叶枯病多在抽穗期发生，主要为害叶片和叶鞘。一般先从下部叶片开始发病枯死，逐渐向上发展（图 3、图 4）。发病初期叶片

图 3　小麦叶枯病，下部叶片发病

图 4　小麦叶枯病，上部叶片发病

上生长出卵圆形淡黄色至淡绿色小斑，以后迅速扩大，形成不规则黄白色至黄褐色大斑块（图 5 ～ 8）。

图5 小麦叶枯病，发病初期

图6 小麦叶枯病，发病初期的病叶

图 7　小麦叶枯病，发病后期的病叶（1）

图 8　小麦叶枯病，发病后期的病叶（2）

发生规律

在冬麦区，病菌在小麦病残体上或种子上越夏，秋季开始侵入幼苗，以菌丝体在病株上越冬，翌年春季，病菌产生分生孢子传播为害。在春麦区，病菌的分生孢子器及菌丝体在小麦病残体上越冬，翌年春季小麦播种后产生分生孢子传播为害。低温多湿条件有利于此病的发生扩展。小麦品种间的抗病性有较大差异。

防治措施

1. 农业措施　选用无病种子，适期适量播种。施足底肥，科学配方施肥。控制田间群体密度，改善通风透光条件。合理灌水，忌大水漫灌。

2. 化学防治　小麦抽穗扬花期是防治叶枯病的关键时期，每亩用 12.5% 烯唑醇可湿性粉剂 25 ~ 30g 或 20% 三唑酮乳油 100mL 对水 50kg 均匀喷雾；也可用 50% 多菌灵可湿性粉剂 1 000 倍液，或 50% 甲基硫菌灵可湿性粉剂 1 000 倍液，或 75% 百菌清可湿性粉剂 500 ~ 600 倍液喷雾。间隔 5 ~ 7d 再补防 1 次。

八、小麦黄花叶病毒病

分布与为害

小麦黄花叶病毒病又称小麦梭条斑病毒病、小麦土传花叶病毒病，在山东、河南、江苏、浙江、安徽、四川、陕西等省均有分布，以山东沿海、河南南部及淮河流域发生较重。本病主要在冬小麦生长前期为害，小麦受害后叶片失绿，植株矮化，分蘖减少，成穗率降低。一般减产 10% ~ 30%，重者减产 50% 以上，甚至绝收（图 1、图 2）。

图 1　小麦黄花叶病毒病，大田为害状

图 2　小麦黄花叶病毒病，严重病田

症状特征

该病一般点片发生，严重时会全田发病（图 3、图 4）。发病初期病株叶片呈现褪绿或坏死梭形条斑，与绿色组织相间，呈花叶症

图 3　小麦黄花叶病毒病，田间点片发病

图 4　小麦黄花叶病毒病，全田发病

状，后造成整片病叶发黄、枯死（图 5 ～ 7）。重病株严重矮化（图 8），分蘖减少，节间缩短变粗，茎基部变硬老化，抽出新叶黄花枯死。

图 5　小麦黄花叶病毒病，花叶症状

图 6　小麦黄花叶病毒病，叶片上的坏死条斑

图 7　小麦黄花叶病毒病，病株叶片全部变黄

图 8　小麦黄花叶病毒病，严重发病田少量健康植株与矮化病株株高比较

发生规律

小麦黄花叶病毒病是一种土传病害，传毒媒介是习居于土壤中的禾谷多粘菌。秋苗期侵染多不显症，翌年麦苗返青阶段开始发病，小麦拔节前后为发病盛期。病情发展的适宜气温为 5 ~ 15℃，土壤温度达到 20℃以上时该病停止发展。该病主要靠病土、病根残体、病田水流传播，也可以经汁液摩擦接种传播。播种早，播量大，容易引起麦苗冬前旺长，抗病、耐病能力降低。麦播后气温较低、土壤湿度大、春季气温回升慢、长期阴雨低温天气，则病害发生重。

防治措施

防治小麦黄花叶病毒病应以追施尿素等速效氮肥为主，辅以叶面肥，促进苗情转化，减轻病害损失。

1. 农业防治　选用抗（耐）病小麦品种；与非寄主作物油菜、马铃薯等进行多年轮作倒茬；适期晚播，避开传毒介体的最适侵染期；

加强肥水管理，增强植株的抗病性。

2. 化学防治　发病地块每亩追施 5 ~ 8kg 尿素以补充营养，同时混合喷施 20% 盐酸吗啉胍 · 乙铜可湿性粉剂 100g + 0.01% 芸薹素内酯水剂 10mL +磷酸二氢钾 100g。

九、小麦根腐病

分布与为害

小麦根腐病分布极广，凡有小麦种植的国家均有发生，我国主要分布在东北、西北、华北等地区，近年来不断扩大，广东、福建麦区也有发现。能为害小麦幼苗及成株的根、茎、叶、穗和种子，造成小麦叶片发黄枯死或整株、成片枯死（图 1、图 2），千粒重降低。种子感病后籽粒瘪瘦，胚部变黑，发芽率低。一般发病田减产 10% ~ 20%，重病田减产 50% 以上。

图 1　小麦根腐病，大田为害状，枯白穗

图 2　小麦根腐病，根系腐烂死亡

症状特征

小麦根腐病在小麦整个生育期都可以发生，表现症状因气候条件、生育期而异。干旱或半干旱地区，多引起茎基腐、根腐（图 3、图 4）；多湿地区除以上症状外，还引起叶斑、茎枯、穗颈枯。返青时地上部多表现为死苗，成株期地上部多表现为叶枯、死株、死穗、植株倒伏等。

图 3　小麦根腐病，茎基部腐烂

种子带菌发病重者多不能发芽，发病轻者在胚芽鞘、地下茎、幼根、叶鞘上产生褐色或黑色病斑（图 5），小麦茎基部近分蘖节处出现褐色病斑，近地面的叶鞘出现褐色梭形病斑，一般不深达茎节内部。种子带菌的小麦根部受害后生长势极弱，易提早死亡。

图 4　小麦根腐病，根部受害，地下茎变色

小麦生长期根部发病后，常造成根系发育不良，次生根少，种子根、茎基部出现褐色或黑色斑点，可深达内部，严重的次生根根尖或中部也褐变腐烂，分蘖节腐烂死亡（图 6），分蘖枯死，生长中后期部分或全株成片死亡。

被害籽粒在种皮上形成不规则病斑，以边缘黑褐色、中部浅褐色的长条形或梭形病斑较多,严重时胚部变黑,称为“黑胚病”（图 7）。

图 5　小麦根腐病，幼根受害形成褐色或黑色病斑

图 6　小麦根腐病，分蘖节受害

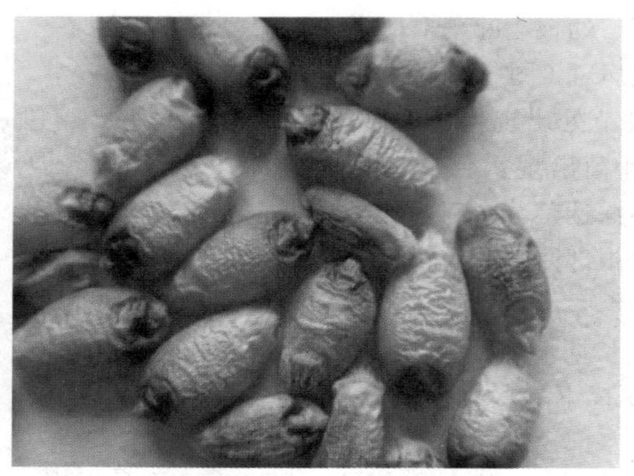

图 7　小麦根腐病，籽粒被害形成黑胚

小麦根腐病的根皮层易与根髓分离而脱落，而全蚀病的根皮层通常与根髓成一体，不易脱落，以此可区分两种病害（图 8、图 9）。

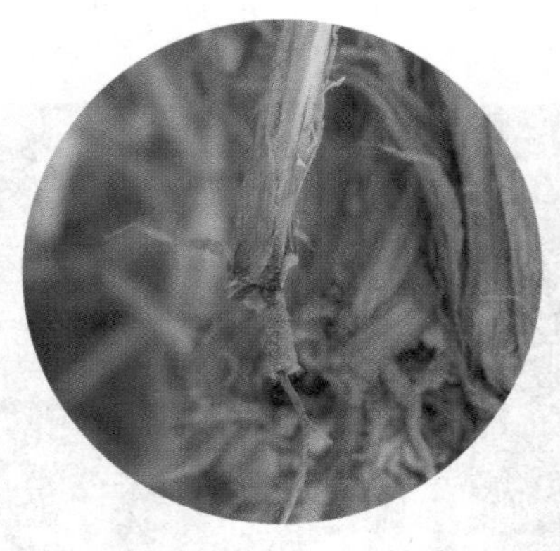

图 8　小麦根腐病，根部皮层与根髓分离脱落

图 9　小麦全蚀病，根部皮层与根髓不分离

发生规律

病菌随病残体在土壤中或在种子上越冬或越夏，分生孢子经胚芽鞘或幼根侵入，引起地下茎或次生根，或茎基部叶鞘等部位发病。带

菌种子是引起叶斑的重要初侵染源。小麦拔节后至成株期，根腐菌继续扩展，叶斑也从下向上不断扩展，地面上的病残体和植株病部不断产生大量病菌分生孢子，借风雨传播，进行再侵染。

播种过迟、过深、多年连作、土壤内积累菌源量大、种子带菌率高时发病重。土壤过干过湿、土壤黏重或地势低洼时发病重。幼苗受冻，地下部根系发病重；高温多雨，地上部发病重。气温 18 ~ 25℃，相对湿度 100%，叶片、穗部发病重，易引起枯白穗和黑胚粒，种子带菌率高。采取深翻、中耕、合理施肥、浇水等栽培措施的发病轻。品种间抗病性有差异。

防治措施

1. 农业防治 选用抗（耐）病和抗逆性强的小麦品种。合理轮作，深耕细耙，适期早播。增施有机肥、磷肥，科学配方施肥，培肥地力。合理灌溉，及时排涝，避免土壤干旱或过湿。

2. 化学防治 用 6% 戊唑醇悬浮种衣剂 50mL，或 2.5% 咯菌腈悬浮种衣剂 15 ~ 20mL，或 15% 多 · 福悬浮种衣剂 150 ~ 200mL，拌小麦种子 10kg。发病重时，选用 12.5% 烯唑醇可湿性粉剂 1 500 ~ 2 000 倍液，或 50% 多菌灵可湿性粉剂 1 000 倍液，或 50% 甲基硫菌灵可湿性粉剂 1 000 倍液喷雾，保护小麦功能叶，第 1 次在小麦扬花期，第 2 次在小麦乳熟初期。

十、小麦黄矮病

分布与为害

小麦黄矮病是由麦蚜传播的一种病毒性病害，全国麦区均有发生，以黄河流域为害重。一般能造成小麦减产 10% ~ 20%，发病严重时减产可达 50% 以上，甚至绝收。

症状特征

小麦受害后主要表现为叶片黄化，植株矮化（图 1、图 2）。叶片上的典型症状是新叶发病从叶尖渐向叶基扩展变黄，黄化部分占全

图 1　小麦黄矮病，大田为害状

图 2　小麦黄矮病，大田为害状，小麦成片发黄、矮化

叶的 1/3 ~ 1/2，叶基仍为绿色，且保持较长时间，有时出现与叶脉平行但不受叶脉限制的黄绿相间条纹（图 3、图 4）。麦播后分蘖前受侵染的植株矮化严重（但因品种而异），病株极少抽穗；冬麦发病不显症，越冬期间不耐低温易冻死，能存活的翌年春季分蘖减少、病株严重矮化、不抽穗或能抽穗但穗很小。拔节孕穗期感病的植株稍矮，根系发育不良。抽穗期发病者仅旗叶发黄，植株矮化不明显，能抽穗，但粒重降低。

与生理性黄化的区别在于，生理性黄化从下部叶片开始发生，整叶发病，田间发病较均匀。小麦黄矮病下部叶片绿色，新叶黄化，旗叶发病较重，从叶尖开始发病变黄，向叶基发展，田间分布有明显的发病中心病株。

图 3　小麦黄矮病，小麦叶片上部黄化部分占叶片的 1/3 ~ 1/2

图 4　小麦黄矮病，受害叶片现黄绿相间条纹

发生规律

该病由黄化病毒组（Luteoviruses）中的大麦黄矮病毒（barley yellow dwarf virus）引起，感染小麦后，随植株体内营养运转到生长点。在16～20℃条件下，病毒的潜育期为15～20d。温度降低，潜育期延长。25℃以上逐渐潜隐，30℃以上不易显症。

大麦黄矮病毒不能由土壤、病株种子、汁液等传播。在我国，该病毒由麦二叉蚜、麦长管蚜、黍缢管蚜、麦无网长管蚜、玉米蚜等传播，以麦二叉蚜（图5）为主。其传毒蚜虫来源于自生麦苗和禾本科杂草，或为秋作物上的带毒蚜虫，或为随季风远距离迁飞来的带毒蚜虫。小麦从幼苗到成株期均能感病，麦田附近杂草的多少、传毒蚜虫虫口密度的大小、带毒蚜迁移早晚和小麦生长阶段的不同都与发病轻重有直接关系。气候条件有利于蚜虫繁殖时，常引起黄矮病严重发生。此外，播种过早、土壤瘠薄、旱地、不进行冬灌、管理粗放等地发病重。

图5　小麦黄矮病，传毒媒介蚜虫成虫

防治措施

1. 农业防治　选用抗（耐）病小麦品种。加强栽培管理，冬麦区避免过早或过迟播种，及时冬灌，春麦区适期早播；强化肥水管理，增强植株的抗病性；及时清除田间路边杂草。

2. 化学防治

（1）药剂拌种：60% 吡虫啉悬浮种衣剂 20mL 拌小麦种子 10kg。

（2）防治传毒蚜虫：发现发病中心时及时拔除，并采用 10% 吡虫啉可湿性粉剂或 50% 抗蚜威可湿性粉剂等药剂，杀灭传毒蚜虫。当蚜虫和黄矮病毒病混合发生时，要采用治蚜、防治病毒病和健身栽培管理相结合的综合措施。将防治蚜虫药剂、防治病毒药剂和叶面肥、植物生长调节剂等，按照适宜比例混合喷雾，能收到比较好的效果。

十一、小麦秆黑粉病

分布与为害

小麦秆黑粉病在我国20多个小麦主产省（区）都有分布，主要发生在北部冬麦区。新中国成立初期，在河北、河南、山东、山西、陕西、甘肃等省及苏北、皖北地区发生普遍，局部为害严重，经有效防控基本绝迹。20世纪80年代，河南、河北等省发病率普遍回升，部分地区病情严重。小麦秆黑粉病主要为害叶、叶鞘和茎秆，小麦受害后一般减产10% ~ 30%，重者减产50%以上，甚至绝收（图1）。

图1　小麦秆黑粉病，严重发生田小麦全部枯死

症状特征

小麦感病后病株矮化、卷曲或畸形，病穗卷曲在叶鞘内不能正常抽穗，或抽出畸形穗；多不结实，即使结实，种子也细小、皱缩。病株分蘖多，有时无效分蘖可达百余个，抽穗前即枯死（图 2 ～ 5）。

图 2　小麦秆黑粉病，病株严重矮化，株高不及健株的 1/2

图 3　小麦秆黑粉病，病株卷曲畸形

图 4　小麦秆黑粉病，抽出畸形穗

图 5　小麦秆黑粉病，病株抽穗前枯死

小麦拔节期后逐渐显现症状，最初在叶、叶鞘、茎秆等部位出现与叶脉平行的淡灰色条纹状冬孢子堆。孢子堆略隆起，初白色，后变为灰白色至黑色，病害组织老熟后，孢子堆破裂，露出黑粉（冬孢子）（图6 ~ 8）。

图6 小麦秆黑粉病，叶及叶鞘受害，病部隆起孢子堆条纹

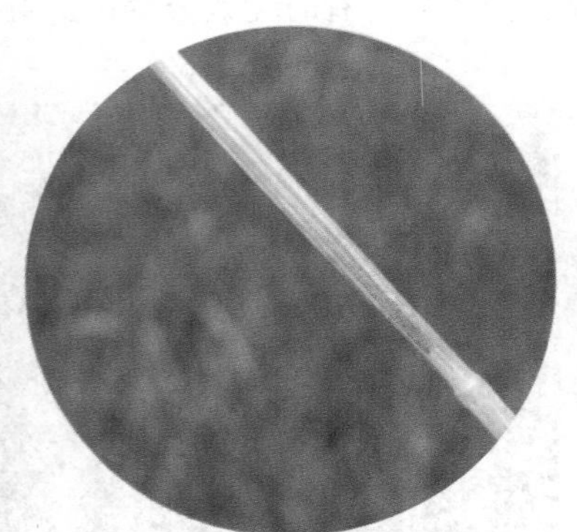

图7 小麦秆黑粉病，茎秆叶鞘受害，病部隆起孢子堆条纹

图8 小麦秆黑粉病，病部孢子堆破裂，散出黑粉（冬孢子）

发生规律

小麦秆黑粉病是幼苗系统性侵染病害，没有二次侵染。病原菌随病残体在土壤、粪肥中越冬传播，也可以随小麦种子做远距离传播。

小麦收获前病菌的厚垣孢子有一部分落入土中，因感病小麦植株矮小，收获时大部分病株遗留在田间。当土壤中的冬孢子萌发后，侵入小麦叶鞘，进而到达生长点，随幼苗生长而发育，翌年春天显现症状。

小麦秆黑粉病的发生与土壤温度、湿度、出苗快慢、小麦个体强弱及品种抗病性等有关。土壤温度在 14 ~ 21℃最为适宜，土壤湿度低有利于病原侵染。播种过早或过晚，播种时墒情不好，播种过深，延长小麦出苗时间等时发病重。土壤贫瘠、土质黏重，整地粗糙、施肥不足，则发病重。品种间抗病性差异明显。

防治措施

1. 农业防治 选用抗病品种和无病种子。合理轮作，精细整地，施用无菌粪肥，适期迟播。

2. 化学防治 用 6% 的戊唑醇悬浮种衣剂 50mL，拌小麦种子 100kg；或 15% 三唑酮可湿性粉剂 75g，拌小麦种子 50kg。发病初期可用 15% 三唑酮可湿性粉剂，或 12.5% 烯唑醇可湿性粉剂，或 50% 多菌灵可湿性粉剂喷雾防治。

十二、小麦腥黑穗病

分布与为害

小麦腥黑穗病在世界各小麦产区均有发生。我国主要是光腥黑穗病和网腥黑穗病，前者分布在华北和西北各省区，后者分布在东北、华中和西南各省区。矮腥黑穗病和印度腥黑穗病在我国尚未发生，是重要的进境植物检疫对象。

该病属系统侵染病害，小麦受害后多能正常抽穗，但感病株麦粒充满病原菌而丧失食用价值，所以该病一旦发生，会造成小麦严重损失，降低麦粒及面粉品质（图 1、图 2）。

图 1　小麦腥黑穗病，大田为害状

图 2　小麦腥黑穗病，小麦籽粒上附着的黑粉（冬孢子）

症状特征

小麦上的两种腥黑穗病表现症状无差别。病株一般较健株稍矮，分蘖增多。病穗较短，直立，颜色较健穗深；初为灰绿色，后变为灰白色。颖壳略向外张开，露出部分病粒。小麦受害后，一般全穗麦粒均变成病粒。病粒较健粒短而胖，初为暗绿色，后变为灰黑色，外面包有一层灰褐色薄膜，里面充满黑粉，病粒与健粒极易区别（图3 ~ 6）。

图3　小麦腥黑穗病，病穗直立

图4　小麦腥黑穗病，颖壳张开，露出病粒

图5　小麦腥黑穗病，灌浆初期病粒（左）与健粒（右）对比

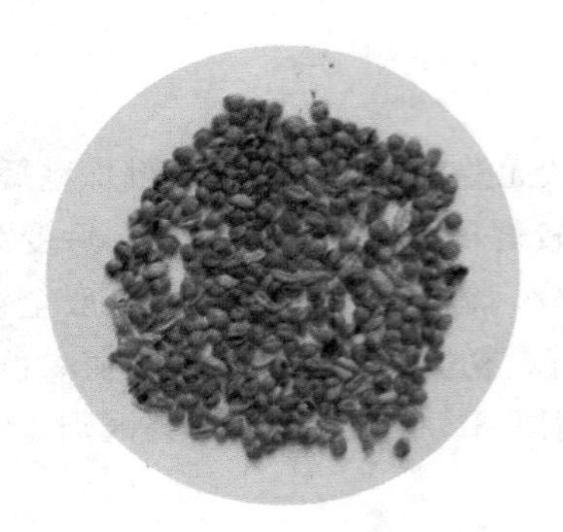
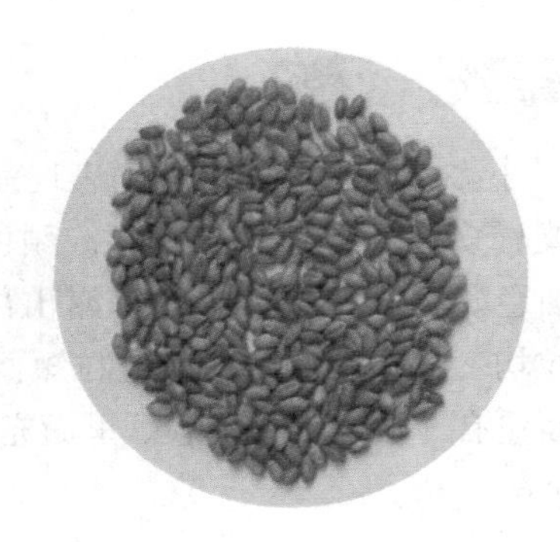

图6 小麦腥黑穗病，收获后病粒（左）与健粒（右）对比

发生规律

小麦腥黑穗病病菌厚垣孢子附着在种子外表或混入粪肥、土壤内越夏或越冬。小麦发芽时，病菌由芽鞘侵入麦苗并到达生长点，在植株体内生长，至孕穗期侵入子房，破坏花器，至抽穗时在麦粒内形成菌瘿即厚垣孢子。小麦收获时病粒破裂，病菌飞散黏附在种子外表，或混入粪肥、土壤内越夏或越冬，翌年进行再次循环侵染。

小麦腥黑穗病是系统侵染病害，病菌侵入小麦幼苗的最适温度为9～12℃，病情轻重受菌源量、土壤温湿度、光照、栽培管理等条件影响。菌量高，发病重；冬麦晚播、春麦早播或播种较深，小麦出土慢，增加病菌侵染机会，发病重；地下害虫发生重的田块，幼苗受虫为害伤口多，利于病菌侵染，发病重。

防治措施

1. 植物检疫 严格植物检疫，不从疫区调运小麦种子，防止病原菌随种子传播蔓延。疫区的小麦产品向非疫区调运前需进行无害化处理。

2. 农业防治 选用抗病品种；适期播种，提高播种质量；加强田间管理，合理灌水施肥，及时排涝；用带菌的场土、麦糠、麦秸等积肥需充分腐熟才能使用。

3. 药剂拌种 用6%戊唑醇悬浮种衣剂50mL，或2.5%咯菌腈悬浮种衣剂100 ~ 200mL，拌小麦种子100kg，可兼治散黑穗病。

十三、小麦散黑穗病

分布与为害

小麦散黑穗病俗称黑疸，我国小麦产区均有分布，除为害小麦外，也为害大麦。该病主要为害小麦穗部，偶尔也侵害叶片和茎秆，在其上长出条状黑色孢子堆。穗部受害后小穗全部或部分被毁，一般减产10% ~ 20%，严重的减产30%以上，对小麦的产量和品质影响很大（图1、图2）。

图1 小麦散黑穗病，为害小麦

图2 小麦散黑穗病，为害大麦

症状特征

小麦感染散黑穗病在孕穗前不表现症状。感病植株较健株矮，病穗比健穗较早抽出。最初感病小穗外面包有一层灰色薄膜，成熟后破裂散出黑粉（厚垣孢子），黑粉吹散后，只残留裸露的穗轴（图 3 ~ 5）。感病麦穗上的小穗全部被毁或部分被毁，仅上部残留少数

图 3　小麦散黑穗病，受害小穗外面包裹一层灰色薄膜

图 4　小麦散黑穗病，受害小穗外面的灰色薄膜破裂，散出黑粉

图 5　小麦散黑穗病，受害病穗仅剩穗轴

健康小穗（图6）。主茎、分蘖的麦穗都能发病，在抗病品种上，部分分蘖麦穗不发病。

图6　小麦散黑穗病，感病麦穗小穗全部被毁（左）
及感病麦穗上部剩余部分健康小穗（右）

发生规律

小麦散黑穗病是花器侵染病害，1年只侵染1次。带菌种子是该病的唯一传播途径。

病菌以菌丝潜伏在种子胚内，当带菌种子萌发时潜伏的菌丝也萌发，随小麦生长发育经生长点向上发展，侵入穗原基。孕穗时病原菌丝体快速发育，使麦穗变为黑粉（即病原的厚垣孢子）。小麦扬花期，厚垣孢子随风落在健穗湿润的柱头上，孢子萌发产生菌丝侵入子房，随小麦发育进入胚珠，种子成熟时潜伏在胚内。带菌种子当年不表现症状，翌年发病，侵染小麦种子并潜伏，完成侵染循环。刚产生的厚垣孢子24h后即能萌发，萌发温度5～35℃，最适温度20～25℃。厚垣孢子在田间仅能存活几周，不能越冬、越夏。

小麦扬花期微风天气、空气湿度大或多雾、连续阴雨天气多，利于病原孢子传播、萌发和侵入，形成较多的带菌种子，翌年发病重；反之，气候干燥，种子带菌率低，翌年发病就轻。大雨易将病原孢子冲淋入土中，失去侵染机会，故扬花期大雨可使翌年发病减轻。

防治措施

1. 农业防治

可选用抗病品种，合理轮作，精耕细作，足墒适时下种，使用无菌肥等，可增强小麦抗（耐）病能力。

2. 药剂防治

（1）种子处理：用 6% 戊唑醇悬浮种衣剂 50mL，或 3% 苯醚甲环唑悬浮种衣剂 200 ~ 300mL，或 2% 灭菌唑悬浮种衣剂 125 ~ 250mL，拌小麦种子 100kg。

（2）生长期防治：小麦抽穗扬花初期，用 50% 多菌灵可湿性粉剂或 70% 甲基硫菌灵可湿性粉剂喷雾。

十四、小麦颖枯病

分布与为害

小麦颖枯病广泛分布于我国小麦种植区。主要为害小麦未成熟的穗部和茎秆，有时也为害小麦叶片、叶鞘和茎秆。小麦受害后穗粒数减少，籽粒瘪瘦，出粉率降低。一般颖壳受害率 10% ~ 80%，轻者减产 1% ~ 7%，重者 30% 以上（图 1）。

图 1　小麦颖枯病，大田为害状

症状特征

小麦穗部受害初期在颖壳上产生深褐色斑点，后变为枯白色，扩展到整个颖壳（图2），在病部出现菌丝和小黑点（分生孢子器），发病重的不能结实。叶片和叶鞘上的病斑（图3、图4）初为长椭圆形、淡褐色小点，后逐渐扩大成不规则形，边缘有淡黄色晕圈，中间灰白色，其上密生小黑点。茎节受害呈褐色病斑，其上也生细小黑点。

图2　小麦颖枯病，受害颖壳上的病斑

图3　小麦颖枯病，受害叶片上的症状

图4　小麦颖枯病，受害叶片及叶鞘上的病斑

发生规律

此病发生与病残体、种子带菌、气候及栽培条件密切相关。颖枯病喜温暖潮湿环境，高温多雨利于病害发生蔓延。病菌侵染温度10 ~ 25℃，以22 ~ 24℃最适。颖枯病仅侵染未成熟的麦穗，至蜡熟期即不再侵染。连作田、土壤贫瘠、偏施氮肥、土壤潮湿的田块发病重。病菌在病残体或附在种子上越夏，秋季侵入麦苗，以菌丝体在病株上越冬。小麦品种间抗性有差异。

防治措施

1. 农业防治　选用无病种子。合理轮作，麦收后深耕灭茬，清除病残体，消灭自生麦苗，压低菌源基数。施用腐熟有机肥，增施磷、钾肥，采用配方施肥技术，增强植株抗病能力。

2. 药剂防治　种子处理用50%多菌灵可湿性粉剂，或70%甲基硫菌灵可湿性粉剂，或50%多·福可湿性粉剂按种子量0.2%拌种。病情严重的地块，在小麦抽穗期喷洒75%百菌清可湿性粉剂800 ~ 1 000倍液，或25%苯菌灵乳油800 ~ 1 000倍液，或25%丙环唑乳油2 000倍液防治，间隔15d再喷一次。

十五、小麦霜霉病

分布与为害

小麦霜霉病又称黄化萎缩病，主要分布于长江中下游及西北、西南、华北等小麦产区。小麦染病后不能正常抽穗，千粒重明显降低。田间常零星、成片或全田发病，没有明显的发病中心。一般发病率为10% ~ 20%，重者高达50%以上，损失很重（图1 ~ 3）。

图1　小麦霜霉病，大田为害状，发病早期，成片病株矮化发黄，不抽穗

图 2　小麦霜霉病，大田为害状，发病早期，成行小麦中病、健株对比

图 3　小麦霜霉病，大田为害状，发病后期麦穗畸形

症状特征

小麦感病株显著矮缩，株高不到正常小麦的 1/2（图 4），叶片淡绿，变厚，皱缩扭曲，现黄白相间条形花纹（图 5 ～ 7）。病株茎秆粗壮，表面覆一层白霜状霉层。重病株旗叶弯曲下垂，通常不能正常抽穗或穗从旗叶叶鞘旁拱出，穗茎和穗部弯曲成弓形，或成畸形龙头拐状（图 8 ～ 10）。

图 4　小麦霜霉病，病株矮化，株高不及健株的 1/2

图 5　小麦霜霉病，病株严重矮化

图 6　小麦霜霉病，病株叶片扭曲

图 7　小麦霜霉病，病株叶片褪绿，现黄白相间条形花纹

图 8　小麦霜霉病，病株心叶严重扭曲

图 9　小麦霜霉病，病株心叶扭曲，穗不能正常抽出

图 10 小麦霜霉病，病株穗茎、穗部弯曲，或呈畸形龙头拐状

发生规律

病菌以卵孢子在土壤内的病残体上越冬或越夏。一般休眠 5 ~ 6 个月后发芽，产生游动孢子，在有水或湿度大时，萌发后从幼芽侵入，进行系统性侵染。发病显症温度为 10 ~ 35℃，最适发病温度为 18 ~ 23℃。小麦播后芽前麦田被水淹及翌年 3 月又遇春寒，气温偏低利于该病发生。地势低洼、稻麦轮作田易发病。

防治措施

1. 农业防治 实行轮作，发病重的田块与非禾谷类作物进行 1 年以上轮作；避免大水漫灌，雨后及时排水防止湿气滞留；发现病株及时拔除。

2. 药剂拌种 播种前，用种子重量 0.2% ~ 0.3% 的 25% 甲霜灵可湿性粉剂拌种，晾干后播种。小麦生长期表现发病症状时可喷洒 58% 甲霜灵・锰锌可湿性粉剂 800 ~ 1 000 倍液，或 72% 霜脲・锰锌可湿性粉剂 600 ~ 700 倍液，或 72%普力克水剂 800 倍液等进行防治。

十六、小麦黑颖病

分布与为害

小麦黑颖病分布在我国北方麦区，主要为害小麦叶片、叶鞘、穗部、颖片及麦芒，形成条斑状病部，严重的造成籽粒瘪瘦，影响小麦产量和品质。

症状特征

小麦穗部染病，颖壳上生褐色至黑色条斑，多个病斑融合后颖壳变黑发亮（图 1、图 2）。颖壳染病后感染种子，轻者种子颜色变深，重者种子皱缩或不饱满。叶片、叶鞘染病，沿叶脉形成黄褐色条状斑。穗轴、茎秆染病产生黑褐色长条状斑。湿度大时，病部产生黄色菌脓。

图 1　小麦黑颖病，穗部受害

图2 小麦黑颖病，穗部受害

发生规律

小麦黑颖病初侵染源来自种子带菌、病残体和其他寄主，以种子带菌为主。病菌从种子进入导管，后到达穗部，产生病斑。菌脓中的病原细菌，借风雨或昆虫及接触传播，从气孔或伤口侵入，进行多次再侵染。小麦孕穗期至灌浆期降雨多，温度高发病重。

防治措施

1. 农业防治

（1）建立无病留种田，选用抗病品种。

（2）变温浸种，28 ~ 32℃水中浸 4h，再在 53℃水中浸 7min。

2. 化学防治

（1）用 15% 叶青双胶悬剂 3 000mg/kg 浸种 12h。

（2）发病初期，25% 叶青双可湿性粉剂，每亩 100 ～ 150g 对水 50kg 喷雾 2 ～ 3 次；或用新植霉素 4 000 倍液喷雾防治。

十七、小麦黑胚病

分布与为害

小麦黑胚病又叫黑点病，是一种世界性的小麦病害，广泛分布于我国小麦产区，在华北、华中、西北等区域为害有加重趋势。小麦籽粒中黑胚病病粒多时，易导致小麦籽粒外观质量下降，营养品质和加工品质变次。作种子使用时还能影响种子出苗和幼苗生长，严重的造成烂种、烂芽，不能出苗。

症状特征

小麦黑胚病病原较多，不同病原在小麦籽粒上引起的症状也不相同。链格孢侵染引起的典型症状是在小麦籽粒胚部或其周围出现褐色的斑点，因病部在小麦胚部，通常称为“黑胚”（图1）。麦类根腐德氏霉和麦类根腐离蠕孢侵染引起的症状是在籽粒上形成周围浅褐色、中间灰白色的眼睛状斑痕，

图1　小麦黑胚病，受害小麦籽粒胚部变黑

多个斑痕相连布满籽粒表面，严重时籽粒变成黑褐色。镰刀菌侵染引起的症状是籽粒呈灰白色或带浅粉红色凹陷斑痕。

发生规律

我国小麦黑胚病病原包括链格孢、麦类根腐德氏霉和麦类根腐离蠕孢、镰刀菌等。黑胚病病原均为兼性寄生菌，以病株残体在土壤和粪肥中长期存活，也可以分生孢子或以菌丝体附着在种子表面或潜伏于种子内部存活。带菌种子和粪肥是远距离传播的主要途径。田间病残体和病株上的病原菌产生孢子，随气流或雨水传播到小麦穗部，大气中的链格孢也是小麦种子黑胚病的主要侵染源。小麦抽穗至灌浆期是该病害的侵染为害盛期。

小麦抽穗至灌浆期间，因温度低、连阴雨天气多、田间湿度大或结露时间长，发病重。黏土较两合土、沙壤土发病重。小麦群体大、施氮肥过多、延迟收获时，发病重。该病与麦蚜发生密切相关，麦蚜发生重的麦田病情也重。品种间抗病性有差异。

防治措施

1. 农业防治　选用抗病品种，使用无病种子，合理施肥灌水，雨后及时排涝，小麦成熟后及时收获。

2. 化学防治

（1）药剂拌种：用 2.5% 咯菌腈悬浮种衣剂 10 ~ 20mL + 3% 苯醚甲环唑悬浮种衣剂 50 ~ 100mL，拌麦种 10kg。

（2）药剂喷洒：用 25% 嘧菌酯或 25% 敌力脱每亩 50mL，或 5% 烯肟菌胺每亩 80mL，或 10% 适乐时每亩 50g，或 12.5% 腈菌唑每亩 60mL，对水 40 ~ 50kg 喷雾防治。

十八、小麦煤污病

分布与为害

小麦煤污病又称小麦霉污病，广泛分布于我国小麦产区。主要为害小麦叶片，也可为害叶鞘、穗部。一般发生田小麦减产3%～5%，严重时可达20%以上。

症状特征

典型症状是在小麦叶面上形成肉眼可见的黑色、淡褐色或橄榄绿色霉斑，严重时可以覆盖整个叶面、叶鞘及穗部（图1～3）。

图1　小麦煤污病，穗部症状

图 2　小麦煤污病，叶部症状

图 3　小麦煤污病，霉斑覆盖叶片

发生规律

小麦煤污病病原种类很多，主要是链格孢和枝孢霉，属于兼性寄生菌。病原在土壤、粪肥、种子表面、大气中广泛存在。病情发展与田间麦蚜的发生发展密切相关，麦蚜发生年煤污病发生也重。尤其小麦穗蚜大发生时，小麦穗部、旗叶以及下部叶片上粘有蚜虫排泄的大量蜜露，会诱发小麦穗、叶片、茎秆上的煤污病，导致该病严重发生。高温高湿利于煤污病的发生为害。

防治措施

通过控制蚜虫来控制小麦煤污病。当麦田蚜虫量较小时，应重点防治蚜虫，避免其排泄物诱发煤污病。当麦田蚜虫大发生，单一使用杀虫剂已经无法控制煤污病时，应喷洒甲基托布津、多菌灵等杀菌剂，及时防治煤污病。

十九、小麦茎基腐病

分布与为害

小麦茎基腐病是一种世界性病害，美国、加拿大、澳大利亚、意大利等国家都有分布，在我国，河南、山东、河北、安徽、江苏、山西、陕西等省的小麦产区均有分布，近年在黄淮部分麦区有加重趋势。主要侵染小麦基部 1 ~ 2 节叶鞘和茎秆，造成小麦倒伏和提前枯死（图 1）。一般减产 5% ~ 10%，严重时可达 50%以上，甚至绝收。

图 1　小麦茎基腐病，大田为害状

症状特征

茎基部叶鞘受害后颜色渐变为暗褐色，无云纹状病斑，容易和小麦纹枯病相区别（图 2、图 3）。随病程发展，小麦茎基部节间受

图 2　小麦茎基腐病，叶鞘变褐色，并且无云纹状病斑

图 3　小麦纹枯病，叶鞘上有典型的云纹状病斑

侵染变为淡褐色至深褐色（图 4），田间湿度大时，茎节处、节间生粉红色或白色霉层，茎秆易折断（图 5、图 6）。病情发展后期，重病株提早枯死，形成白穗。逢多雨年份，和其他根腐病的枯白穗类似，枯白穗易腐生杂菌变黑。

图 4　小麦茎基腐病，节间受害变褐色

图5　小麦茎基腐病，受害小麦茎节处及节间生粉红色霉层

图6　小麦茎基腐病，受害小麦茎节处生白色霉层

发生规律

小麦茎基腐病是一种典型的土传病害，病原种类复杂，主要有镰刀菌和根腐离蠕孢。病原以菌丝体、分生孢子、厚垣孢子的形式存活于土壤中的病残体组织中，一般可存活 2 年以上。病原菌从小麦茎基部或根部侵入，并扩展为害。田间靠耕作措施传播。除小麦外，还可侵染大麦、玉米等禾本科作物和杂草。

早播发病重，适期迟播发病轻。黏性土壤、地势低洼、排水不良、田间湿度大发生重。偏施氮肥、土壤缺锌发病重。小麦品种间抗病性有差异。

防治措施

1. 农业防治　清除病残体，合理轮作，适期迟播，配方施肥，增施锌肥。有条件的可与油菜、棉花、蔬菜等双子叶作物轮作，能有效减轻病情。

2. 化学防治

（1）药剂拌种：用 2.5% 咯菌腈悬浮种衣剂 10 ~ 20mL + 3% 苯醚甲环唑悬浮种衣剂 50 ~ 100mL，拌麦种 10kg。或用 6% 戊唑醇悬浮种衣剂 50mL，拌小麦种子 100kg。

（2）生长期药剂喷洒：小麦苗期至返青拔节期，在发病初期，用 12.5% 烯唑醇可湿性粉剂 45 ~ 60g，对水 40 ~ 50kg 喷雾防治。

第二部分 小麦害虫

一、小麦蚜虫

分布与为害

小麦蚜虫，简称麦蚜，俗称油虫、腻虫、蜜虫，主要种类有麦长管蚜、麦二叉蚜、黍缢管蚜等，广泛分布于我国小麦各产区，常混合发生为害。

麦蚜以成蚜、若蚜吸食小麦叶片、茎秆和嫩穗的汁液为害。苗期多集中在小麦叶背面、叶鞘及心叶处刺吸，轻者造成叶片发黄、生长停滞、分蘖减少，重者不能正常抽穗，或造成麦株枯萎死亡（图

图 1　小麦蚜虫大田为害状，发生初期，小麦叶片被害，点片发黄

图2　小麦蚜虫，大田为害状，发生初期，小麦叶片被害，成片发黄枯死

图3　小麦蚜虫大田为害状，小麦穗期受害诱发煤污病，穗部变黑，田间为害界限明显

1 ~ 3）。小麦抽穗后集中在穗部为害，造成小麦灌浆不足，籽粒干瘪，千粒重下降，严重影响小麦产量和品质（图 4 ~ 6）。

麦蚜除直接为害小麦外，麦二叉蚜、麦长管蚜、黍缢管蚜还是病毒病的传播媒介。麦蚜排泄的蜜露还易在小麦叶片、穗部诱发煤污病，影响小麦叶片的光合作用（图 7）。

图4　小麦蚜虫，穗部为害状

图5　小麦蚜虫大田后期为害状

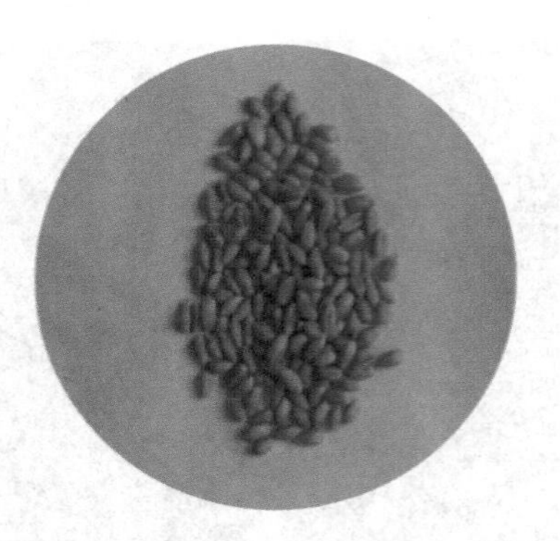
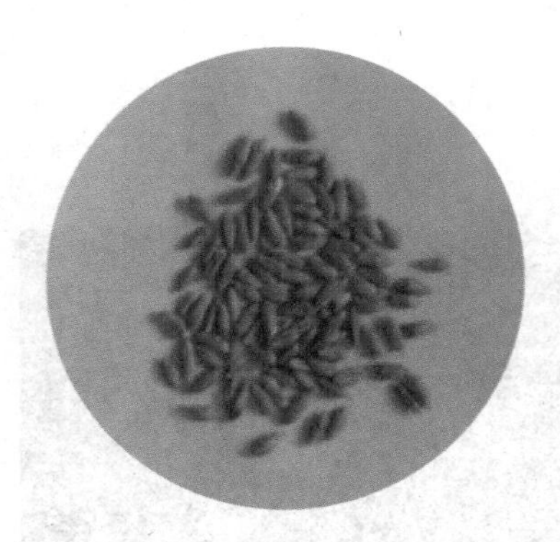

图6　小麦蚜虫，被害穗籽粒（右）与健康穗籽粒（左）对比

图7　小麦蚜虫，排泄的蜜露在叶片上诱发煤污病

形态特征

三种小麦蚜虫形态特征的区别主要在体色、触角、腹管及成虫翅脉。麦长管蚜体色草绿色至橙红色，触角、腹管黑色，触角长超过腹部2/3，腹管长超过腹部末，有翅蚜前翅中脉没有明显的二叉分支（图8）；麦二叉蚜体色多淡绿色至黄褐色，触角长不超过腹部2/3，腹管浅绿色，顶端黑色，腹管长通常不超过腹部末，有翅

蚜前翅中脉有明显的二叉分支（图 9）；黍缢管蚜体色多暗绿色至墨绿色（图 10 ~ 12），腹管基部锈红色。同时，结合它们的发生规律，可以将三种蚜虫区分开来。

图 8　麦长管蚜若蚜

图 9　麦二叉蚜，有翅蚜前翅中脉二叉分支

图 11　黍缢管蚜，若蚜体色暗绿色、墨绿色，在小麦下部为害

图 10　黍缢管蚜，若蚜体色暗绿色、墨绿色，在小麦苗期植株下部为害

图 12 黍缢管蚜，若蚜体色暗绿色、墨绿色，为害穗部

图 13 小麦蚜虫，行孤雌生殖

发生规律

在适宜的环境条件下，麦蚜都能以无翅型孤雌胎生蚜生活（图 13）。在营养不足、环境恶化或虫群密度大时，则产生有翅型迁飞扩散，但仍行孤雌胎生，只是在寒冷地区秋季才产生有性雌蚜、雄蚜交尾产卵。卵翌年春季孵化为干母，继续产生无翅型或有翅型蚜虫。卵呈长卵形，刚产出的卵淡黄色，逐渐加深，5d 左右即呈黑色。

1. 麦长管蚜 1 年发生 20 ~ 30 代。在南方全年进行孤雌生殖，春、秋两季出现两个高峰，以春季高峰为害较重。在北方冬麦区，冬暖年份越冬期间有继续繁殖为害现象，一般年份春季先在冬小麦上为害，后迁移到春小麦上，无论是春麦还是冬麦，到穗期即进入为害高峰期。麦长管蚜适宜温度 10 ~ 30℃，最适温度 16 ~ 25℃，喜中温不耐高温。

2. 麦二叉蚜 生活习性与长管蚜相似，1 年发生 20 ~ 30 代，每年 3 ~ 4 月随气温回升繁殖扩展，5 月上中旬大量繁殖，出现为害高峰，传播并引发黄矮病。麦二叉蚜 7℃以下存活率低，22℃胎生繁殖快，

30℃生长发育最快，42℃迅速死亡；喜干怕湿。在条件适宜的情况下，繁殖力极强，发育历期短，虫口密度上升快，短期内蚜量即可达到万头以上。

3. 黍缢管蚜 1年发生10 ~ 20代，北方寒冷地区黍缢管蚜产卵于桃、李、榆叶梅、稠李等李属植物上越冬，翌年春天迁飞到禾本科植物上，属异寄主全周期型。在温暖麦区则以无翅孤雌成蚜和若蚜在冬麦田或禾本科杂草上越冬，在冬暖年份越冬期间有继续繁殖为害现象，条件适宜时可上升到穗部为害，造成严重损失。夏、秋季主要在玉米上为害。黍缢管蚜在30℃左右发育最快，喜高湿，不耐干旱。

在种群上，麦长管蚜种群数量最大，多在小麦上部叶片正面为害，抽穗灌浆期迅速繁殖，集中在嫩穗上吸食，故也称“穗蚜”。麦二叉蚜多在小麦苗期或小麦下部叶片上为害，以叶片背面分布较多；条件适宜时，黍缢管蚜也能上升到小麦上部叶片或穗部为害，成为穗蚜。麦长管蚜及麦二叉蚜生活的最适气温为16 ~ 25℃，黍缢管蚜在30℃左右发育最快。麦长管蚜最适相对湿度为50% ~ 80%；而麦二叉蚜则喜干旱，最适相对湿度35% ~ 67%；黍缢管蚜喜高湿，不耐干旱。

麦蚜的天敌有瓢虫（图14 ~ 16）、草蛉、蚜茧蜂（图17 ~ 19）、食蚜蝇（图20）等10余类，天敌数量大时，能有效控制麦蚜种群数量。

图14 小麦蚜虫天敌，瓢虫幼虫

图15 小麦蚜虫天敌，刚羽化的瓢虫成虫

图16 小麦蚜虫天敌，
瓢虫成虫

图17 小麦蚜虫天敌，叶片上被
蚜茧蜂寄生形成的僵蚜

图18 小麦蚜虫天敌，
叶片上僵蚜里面的蚜
茧蜂孵化

图19 小麦蚜虫天敌，穗部被
蚜茧蜂寄生形成的僵蚜

图 20　小麦蚜虫天敌，食蚜蝇成虫

防治措施

防治策略：黄矮病流行区，以麦二叉蚜为主攻目标，做好早期蚜虫防治以控制黄矮病发展；非黄矮病流行区，在做好小麦苗期蚜虫控制的基础上，重点抓好小麦抽穗灌浆期穗蚜的防治。通过协调应用农业、物理和化学等防治措施，充分发挥天敌的自然抑制作用，依据科学的防治指标及天敌利用指标，适时进行化学防治，控制蚜虫为害。

1. 农业防治　清洁田园，清除路边田埂上的杂草；加强田间管理，合理配方施肥，适时浇水，增强小麦抗逆性。

2. 生物防治　改进施药技术，选用对天敌安全的药剂，减少用药次数和用量，以保护利用天敌。当田间天敌与麦蚜比例小于 1∶150（蚜虫小于 150 头）时，适当推迟使用化学药剂。

3. 物理防治　推广应用黄色诱蚜和银灰色避蚜技术，减少化学药剂使用。

4. 化学防治　用 60% 吡虫啉悬浮种衣剂 20mL，拌小麦种子 10kg。小麦穗期当百穗蚜量达到 500 头，天敌与麦蚜比例在 1∶150 以上时，可用 50% 抗蚜威可湿性粉剂 4 000 倍液，或 10% 吡虫啉可湿性粉剂 1 000 倍液，或 48% 毒死蜱乳油 1 000 倍液，或 5% 啶虫脒可湿性粉剂 1 000 ~ 1 500 倍液喷雾防治。

二、小麦红蜘蛛

分布与为害

小麦红蜘蛛俗名火龙、麦虱子，分为麦圆蜘蛛和麦长腿蜘蛛两种。水浇地以麦圆蜘蛛为主，分布在我国北纬 29° ~ 37° 地区；麦长腿蜘蛛多发生在山区、丘陵、旱地，分布在我国北纬 34° ~ 43° 地区，主要为害区在长城以南、黄河以北，包括河北、山东、山西、内蒙古等地区。

小麦红蜘蛛成、若螨以刺吸式口器刺吸小麦叶片、叶鞘、嫩茎等部位进行为害。麦田最初表现为点片发黄，后扩展到整个田块（图 1 ~ 4）。被害小麦叶片上最初表现为白斑，后变黄枯死。受害小麦植

图 1　小麦红蜘蛛，大田为害状，麦圆蜘蛛造成小麦点片发黄、枯死

图2　小麦红蜘蛛，大田为害状，麦圆蜘蛛造成小麦成片发黄

图3　小麦红蜘蛛，大田为害状，麦圆蜘蛛严重田造成全田小麦发黄枯死

图4　小麦红蜘蛛，麦圆蜘蛛在叶片上集中为害

株矮小，发育不良，严重者整株干枯死亡。一般发生田减产 15% ~ 20%，重者减产 50% 以上，甚至绝收（图 5 ~ 7）。在严重发生年份，小麦红蜘蛛能上升到穗部为害（图 8）。

图 5　小麦红蜘蛛，为害初期，在叶片上形成清晰的白斑

图 6　小麦红蜘蛛，在小麦叶片背面造成大量白斑

图 7　小麦红蜘蛛，为害后期，叶片布满白斑，发黄枯死

图 8　小麦红蜘蛛，在小麦上部叶片和穗部为害

形态特征

1. 麦圆蜘蛛　成螨体长 0.65mm，宽 0.43mm，略呈圆形，深红褐色，体背后部有隆起的肛门（背肛）。足 4 对，第一对最长，第四对次之，第二、第三对约等长，足和肛门周围红色（图 9、图 10）。若螨共 4 龄，1 龄体圆形，足 3 对，称幼螨；2 龄以后足 4 对，似成螨；4 龄深红色，和成螨极相似。

2. 麦长腿蜘蛛　成螨体长 0.61mm，宽 0.23mm，呈卵圆形，红褐色。足 4 对，橘红色，第一、第四对足特别发达（图 11）。若螨共 3 龄，1 龄体圆形，足 3 对，称幼螨；2 龄和 3 龄足 4 对，体较长，似成螨。

图 9　麦圆蜘蛛背肛和第一对足

图 10　麦圆蜘蛛

图 11　麦长腿蜘蛛

发生规律

1. 麦圆蜘蛛　每年发生2～3代，春季繁殖1代，秋季1～2代，以成螨、卵或若螨越冬。越冬期间不休眠，耐寒力强。翌年春季2～3月越冬螨陆续开始为害，3月中下旬至4月上旬虫量最大，后随气温升高大部分死亡，以卵越夏。10月上中旬，越夏卵陆续孵化，在小麦幼苗上繁殖为害,12月以后若螨减少，越冬卵增多，以卵或成螨越冬。生长发育适温8～15℃，适宜相对湿度为80%以上，多发生在水浇地或低洼、潮湿、阴凉的麦地，冬季雨雪多及春季阴凉多雨时发生重。

2. 麦长腿蜘蛛　每年发生3～4代，以成螨、卵越冬，翌年2～3月成螨开始繁殖，越冬卵孵化，4～5月虫量最大，5月中下旬成螨产卵越夏，10月越夏卵孵化为害秋苗。最适温度为15～20℃，最适相对湿度在50%以下。喜温暖、干燥，多发生在丘陵、山区、干旱麦田，一般春旱少雨年份活动猖獗。

麦长腿蜘蛛和麦圆蜘蛛都进行孤雌生殖，有群集性和假死性，均靠爬行和风力扩散、蔓延为害，所以在田间常呈现出田边或田中央先点片发生，再蔓延到全田发生的特点。

防治措施

1. 农业防治　麦收后采取浅耕灭茬、除草、增施粪肥、轮作等措施，破坏红蜘蛛的适生环境，压低虫口基数。

2. 化学防治　防治红蜘蛛以挑治为主，当0.33m单行麦圆蜘蛛200头、麦长腿蜘蛛100头，小麦叶部白色斑点大量出现时，立即喷药防治。可用1.8%阿维菌素乳油5 000～6 000倍液，或15%哒螨酮乳油2 000～3 000倍液，或4%联苯菊酯微乳剂1 000倍液喷雾。

三、小麦吸浆虫

分布与为害

小麦吸浆虫又名麦蛆，是小麦上的一种世界性害虫，广泛分布于我国小麦产区。有麦红吸浆虫和麦黄吸浆虫两种。麦红吸浆虫主要发生在黄淮流域及长江、汉江、嘉陵江沿岸的平原地区，麦黄吸浆虫一般发生在高原地区和高山地带某些特殊生态条件地区。

小麦吸浆虫以幼虫潜伏在颖壳内吸食正在灌浆的麦粒汁液为害，造成小麦籽粒空秕，幼虫还能为害花器、籽实（图 1、图 2）。小麦受害后由于麦粒被吸空，麦秆直立不倒，具有“假旺盛”的长势，田间表现为麦穗瘦长，贪青晚熟（图 3、图 4）。受害小麦麦粒有机物被吸

图 1　小麦吸浆虫，小麦籽粒被吸浆虫幼虫吸成空壳

图 2　小麦吸浆虫，幼虫正在为害灌浆的小麦籽实

食，麦粒变瘦，甚至成空壳，出现“千斤的长势，几百斤甚至几十斤的产量”的异常现象，主要原因是受害小麦千粒重大幅降低（图5）。一般可造成10%～30%的减产，严重的达70%以上，甚至绝收。

图3 小麦吸浆虫，大田为害状，为害后造成小麦贪青晚熟

图4 小麦吸浆虫，受害小麦麦穗直立、瘦长

图5　小麦吸浆虫，正常麦粒（左）与受害麦粒（右）对比

形态特征

1. 麦红吸浆虫　成虫橘红色，雌虫体长 2 ~ 2.5mm，雄虫体长约 2mm，雌虫（图 6）产卵管伸出时约为腹长的 1/2。卵呈长卵形，末端无附着物（图 7）。幼虫（图 8、图 9）橘黄色，经 2 次蜕皮成为老熟幼虫，幼虫体表有鳞片状突起。茧（休眠体）淡黄色，圆形。蛹橙红色，头

图6　小麦吸浆虫，雌成虫，正在产卵

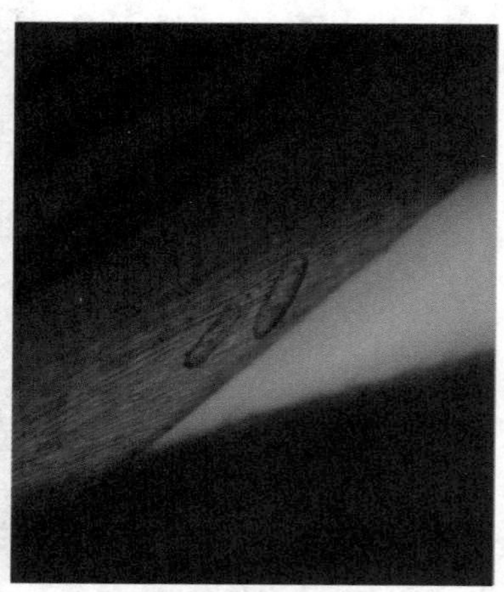

图7　小麦吸浆虫，卵

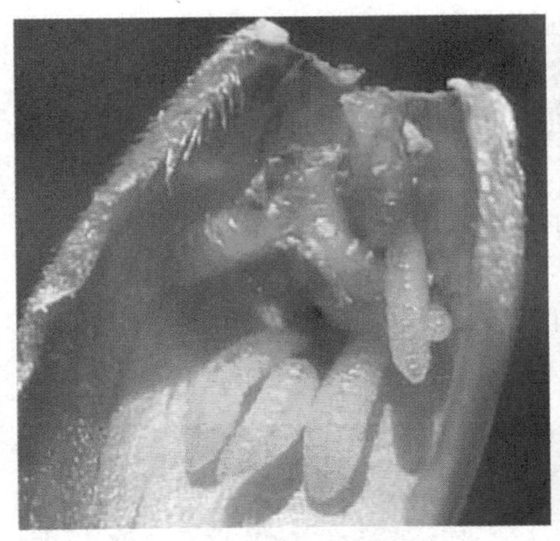
图8　小麦吸浆虫，颖壳里的吸浆虫幼虫

图9　小麦吸浆虫，剥穗时的吸浆虫幼虫

端有一对较长的呼吸管（图10），分前蛹、中蛹、后蛹三个时期。

2. 麦黄吸浆虫　成虫姜黄色，雌虫体长1.5mm，雄虫略小。雌虫产卵管伸出时与腹部等长。卵呈香蕉形，末端有细长卵柄附着物。幼虫姜黄色，体表光滑。蛹淡黄色。

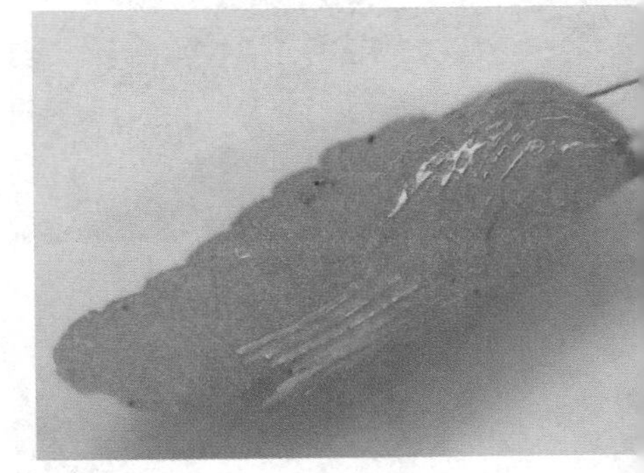
图10　小麦吸浆虫，蛹前端的呼吸管

发生规律

小麦吸浆虫1年发生1代，遇到不适宜的环境可多年发生1代。麦红吸浆虫可在土壤内滞留7年以上，甚至达12年仍可羽化为成虫。麦黄吸浆虫可滞留土壤中4 ~ 5年。

麦红吸浆虫以老熟幼虫在土中结茧越夏、越冬。翌年春季当土壤10cm处地温达到10℃以上时，越冬幼虫破茧上升到土表层；当10cm

处地温达到 15℃以上时，小麦正值孕穗期，再在地表层结茧化蛹，蛹期 8 ~ 10 d；当 10 cm 处地温达到 20℃左右时，小麦进入抽穗期，蛹即羽化出土，产卵。小麦吸浆虫发生区，其成虫羽化期与小麦抽穗期是一致的。

麦红吸浆虫可以直接从湿润的地表出土，也可以从土壤裂缝出土，出土后地面留下出土孔（图 11 ~ 13），成虫羽化飞到麦穗上产卵，卵一般 3d 后孵化，幼虫从颖壳缝隙钻入麦粒内吸食浆液。老熟幼虫爬至

图 11　小麦吸浆虫，地表正在出土的幼虫

图 12　小麦吸浆虫，从土壤缝隙中出土的幼虫

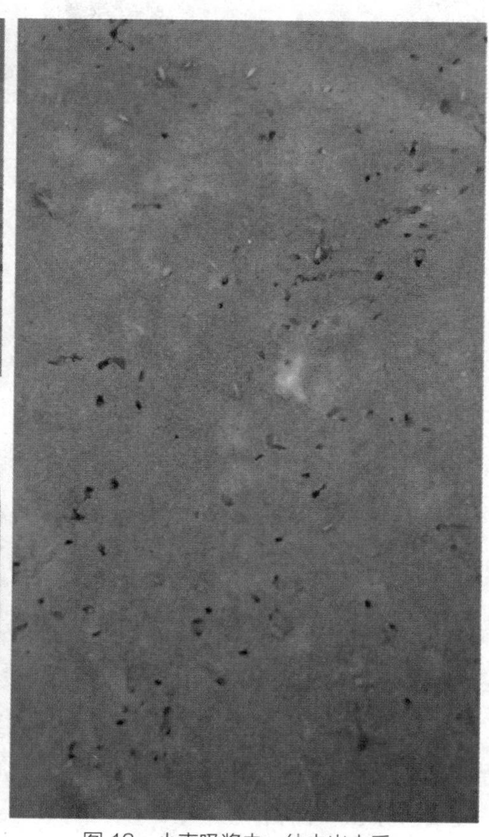

图 13　小麦吸浆虫，幼虫出土后在地表留下的出土孔

颖壳及麦芒上，随雨珠、露水或自动弹落在土表，钻入土中10 ~ 20cm处作圆茧越夏、越冬（图14、图15）。该虫具有“富贵性”，小麦产量高、品质好、土壤肥沃，利于该虫发生为害。如果温、湿条件利于化蛹和羽化，往往加重为害。

图14　小麦吸浆虫，老熟幼虫爬到麦穗芒上，准备落地入土

小麦产量和品质的提高，水肥条件的改善，土壤免耕技术的应用，农业机械大范围跨区作业，抗（耐）虫品种的缺乏，都有利于小麦吸浆虫的为害和扩散。

麦黄吸浆虫耐湿和耐旱能力低于麦红吸浆虫，其他习性与麦红吸浆虫基本一致。

图15　小麦吸浆虫，老熟幼虫落到地表准备入土

防治措施

小麦吸浆虫的防治应贯彻“蛹期和成虫期防治并重，蛹期防治为主”的指导思想。

1. 农业防治　选用穗形紧密、颖缘毛长而密、麦粒皮厚、灌浆速度快、浆液不易外溢的抗（耐）虫品种。对重发生区实行轮作，不进行春灌，实行水地旱管，减少虫源化蛹率。

2. 化学防治

（1）蛹期（小麦孕穗期）防治：每亩用5%毒死蜱颗粒剂1.5～2kg，拌细土20kg，均匀撒在地表，土壤墒情好或撒毒土后浇水效果更好。也可用30%毒死蜱缓释剂撒施防治，持效期长。

（2）成虫期（小麦抽穗至扬花初期）防治：可选用20%氰戊菊酯乳油1 500～2 000倍液，或10%氯氰菊酯微乳剂1 500～2 000倍液，或4.5%高效氯氰菊酯乳油1 000倍液，或45%毒死蜱乳油1 000～1 500倍液，或10%吡虫啉可湿性粉剂1 500倍液喷雾防治。

四、麦叶蜂

分布与为害

麦叶蜂又名齐头虫、小黏虫、青布袋虫，广泛分布于我国小麦产区，以长江以北为主。我国发生的有小麦叶蜂、大麦叶蜂和黄麦叶蜂三种，以小麦叶蜂为主。

发生严重的田块可将小麦叶尖吃光，对小麦灌浆影响极大（图1）。幼虫主要为害叶片，有时也为害穗部（图2）。麦叶蜂为害叶片时，常从叶边缘向内咬成缺口，或从叶尖向下咬成缺刻（图3 ~ 5）。

图1　麦叶蜂，大田为害状

图2　麦叶蜂，幼虫为害小麦穗部

图 3　麦叶蜂，幼虫从叶缘向内咬成缺刻状

图 4　麦叶蜂，幼虫从叶尖向下咬成缺刻状

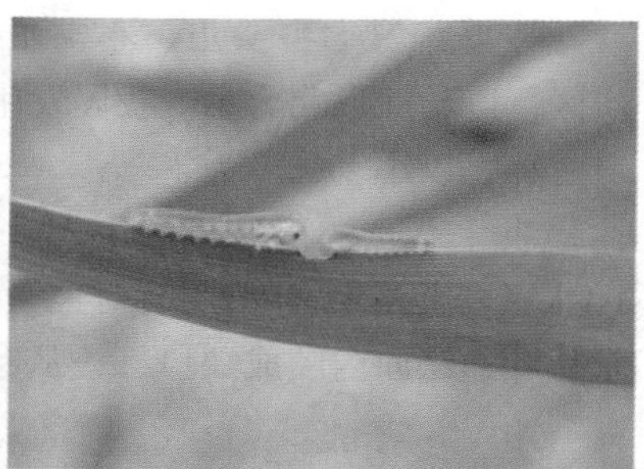

图 5　麦叶蜂，两头幼虫正在为害叶缘

形态特征

麦叶蜂成虫体长 8 ~ 9.8mm，雄体略小，黑色微带蓝光，前胸背板、中胸前盾板和翅基片锈红色，后胸背面两侧各有 1 个白斑，翅透明膜质（图 6）。

图 6　麦叶蜂，成虫

卵肾形，扁平，淡黄色，表面光滑。

幼虫共 5 龄，老熟幼虫圆筒形，头大，胸部粗，胸背前拱，腹部较细，

胸腹各节均有横皱纹。末龄幼虫腹部最末节的背面有一对暗色斑（图7 ~ 9）。

蛹长 9.8mm，雄蛹略小，淡黄色至棕黑色。腹部细小，末端分叉。

图 7　麦叶蜂，幼虫，具有头大、胸粗、胸背向前拱、腹部细的特征

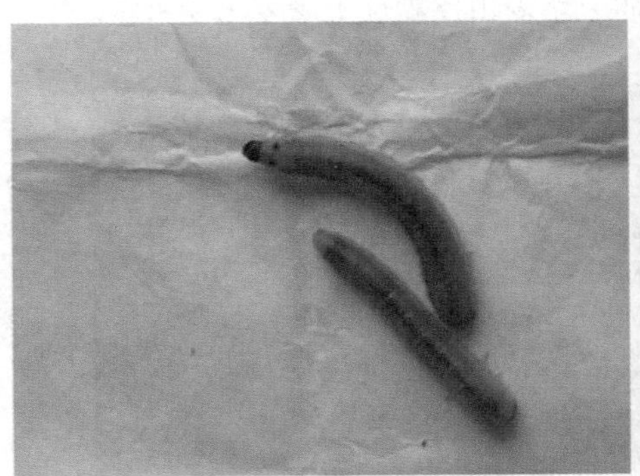

图 8　麦叶蜂，幼虫，末龄幼虫腹部最末节背面有一对暗色斑

图 9　麦叶蜂，幼虫，幼虫胸腹各节具有横皱纹

发生规律

麦叶蜂均为1年发生1代，以蛹在土中20cm深处越冬，翌年春季气温回升后开始羽化，成虫用锯状产卵器将卵产在叶片主脉旁边的组织中，卵期10d。幼虫有假死性和转叶为害习性（图10、图11）。1～2龄为害叶片；3龄后怕光，白天隐蔽在麦丛中或土块下，夜晚出来为害；4龄幼虫食量增大，虫口密度大时，可将麦叶吃光。小麦孕穗期至抽穗扬花期是为害盛期。老熟幼虫入土作茧休眠，至9～10月才蜕皮化蛹越冬。

图10　麦叶蜂，幼虫呈“C”形假死状

麦叶蜂在冬季气温偏高、土壤水分充足，春季气温适宜、土壤湿度大的条件下发生为害重。沙质土壤麦田比黏性土壤麦田受害重。

图11　麦叶蜂，幼虫转叶为害

防治措施

1. 农业防治 麦播前深翻土壤，破坏幼虫的休眠环境，使其不能正常化蛹而死亡。有条件的地区可实行稻麦水旱轮作，控制效果好。利用麦叶蜂幼虫的假死性，可在傍晚时进行人工捕捉。

2. 化学防治 防治适期应掌握在幼虫3龄前，可用2.5%溴氰菊酯乳油2 000倍液，或20%氰戊菊酯乳油2 000倍液喷雾防治，或45%毒死蜱乳油1 000倍液，或1.8%阿维菌素乳油4 000 ~ 6 000倍液喷雾防治。

五、小麦潜叶蝇

分布与为害

小麦潜叶蝇广泛分布于我国小麦产区，包括小麦黑潜叶蝇、小麦黑斑潜叶蝇、麦水蝇等多种，以小麦黑潜叶蝇较为常见，华北、西北麦区局部密度较高。

小麦潜叶蝇以雌成虫产卵器刺破小麦叶片表皮产卵及幼虫潜食叶肉为害。雌成虫产卵器在小麦第一、第二片叶中上部叶肉内产卵，形成一行行淡褐色针孔状斑点（图 1、图 2）；卵孵化成幼虫后潜食叶肉为害，潜痕呈袋状，其内可见蛆虫及虫粪，造成小麦叶片半段干枯（图 3 ~ 6）。一般年份小麦被害株率 5% ~ 10%，严重田小麦被害株率超过 40%，严重影响小麦的生长发育。

图 1　小麦潜叶蝇，雌成虫产卵器产卵为害叶片，形成的针孔状斑（1）

图 2　小麦潜叶蝇，雌成虫产卵器产卵为害叶片，形成针孔状斑（2）

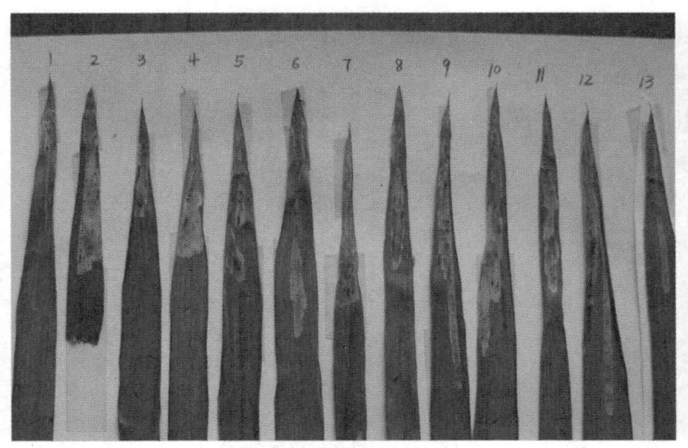

图3　小麦潜叶蝇，幼虫潜叶为害状

图4　小麦潜叶蝇，大田为害状，幼虫在叶肉内潜食为害

图5　小麦潜叶蝇，叶尖被害

图6　小麦潜叶蝇，叶片上的潜道和幼虫

形态特征

小麦黑潜叶蝇成虫体长2.2 ~ 3mm，黑色小蝇类。头部半球形，间额褐色，前端向前显著突出。复眼及触角1 ~ 3节黑褐色。前翅膜质透明，前缘密生黑色粗毛，后缘密生淡色细毛，平衡棒的柄为褐色，

端部球形白色（图 7、图 8）。

幼虫长 3 ~ 4mm，乳白色或淡黄色，蛆状（图 9、图 10）。

蛹长 3mm，初化时为黄色，背呈弧形，腹面较直。

图 7　小麦黑潜叶蝇，成虫

图 8　小麦黑潜叶蝇，正在羽化的成虫

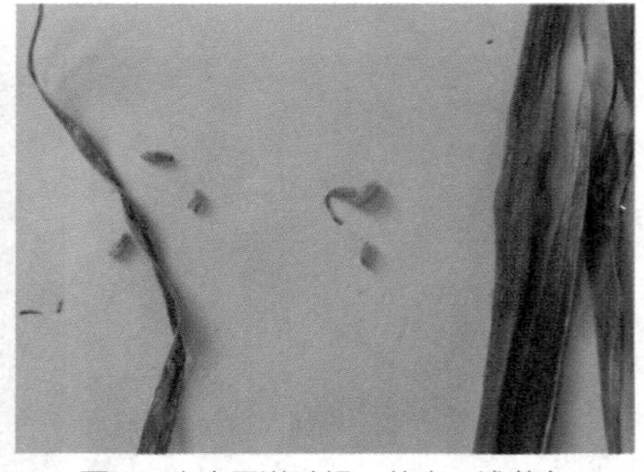

图 9　小麦黑潜叶蝇，幼虫，浅黄色

图 10　小麦黑潜叶蝇，幼虫，乳白色

发生规律

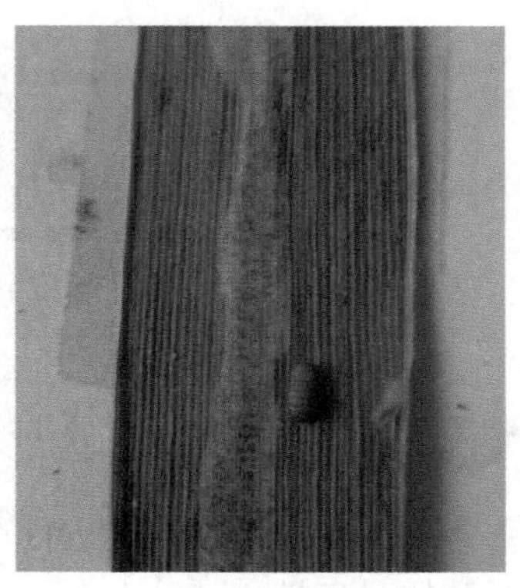
图 11　小麦黑斑潜叶蝇，蛹

小麦黑潜叶蝇一般年份 1 年发生 1 ~ 2 代，以蛹在土中越冬，春小麦出苗期和冬小麦返青期羽化出土，先在油菜等植物上吸食花蜜补充营养，后在小麦叶子顶端产卵，孵化潜食小麦叶肉；幼虫约 10d 老熟，爬出叶外入土化蛹越冬。冬小麦返青早、长势好的田块，成虫产卵量大，为害重。小麦黑斑潜叶蝇发生世代不详，幼虫潜道细窄，老熟幼虫从虫道中爬出，附着在叶表化蛹和羽化，与小麦黑潜叶蝇在土中化蛹显著不同（图 11）。麦水蝇在小麦生长发育期发生 2 代，以蛹或老熟幼虫在小麦叶鞘内越冬，翌年春季羽化，先在油菜上吸食花蜜补充营养，后交尾产卵，孵化后即蛀入叶内取食叶肉，潜道呈细长直线，幼虫龄期增大后，蛀入叶鞘为害。

防治措施

以成虫防治为主，幼虫防治为辅。

1. 农业防治　清洁田园，深翻土壤。冬麦区及时浇封冻水，杀灭土壤中的蛹。加强田间管理，科学配方施肥，增强小麦抗逆性。

2. 化学防治

（1）成虫防治：小麦出苗后和返青前，用 2.5% 溴氰菊酯乳油或 20% 甲氰菊酯乳油 2 000 ~ 3 000 倍液，均匀喷雾防治。

（2）幼虫防治：发生初期，用 1.8% 阿维菌素乳油 3 000 ~ 5 000 倍液，或 4.5% 高效氯氰菊酯乳油 1 500 ~ 2 000 倍液，或用 20% 阿维 · 杀单微乳剂 1 000 ~ 2 000 倍液，或用 45% 毒死蜱乳油 1 000 倍液，或用 0.4% 阿维 · 苦参碱水乳剂 1 000 倍液喷雾防治。

六、黏虫

分布与为害

黏虫又称东方黏虫、行军虫、夜盗虫、剃枝虫、五彩虫、麦蚕等，属鳞翅目夜蛾科。黏虫在我国除新疆未见报道外，遍布全国各地。

黏虫可为害小麦（图1～5）、玉米、谷子等多种作物和杂草。

图1 黏虫，为害小麦叶片

图2　黏虫，为害小麦叶片

图3　黏虫，为害麦穗

图4　黏虫，麦田地面的幼虫

图5　黏虫，为害小麦秋苗

幼虫咬食叶片，1 ~ 2 龄幼虫仅食叶肉形成小孔（图 6）；3 龄后为害叶片形成缺刻（图 7、图 8），为害玉米幼苗可吃光叶片（图 9）；5 ~ 6 龄为暴食期，食量占幼虫期的 90% 以

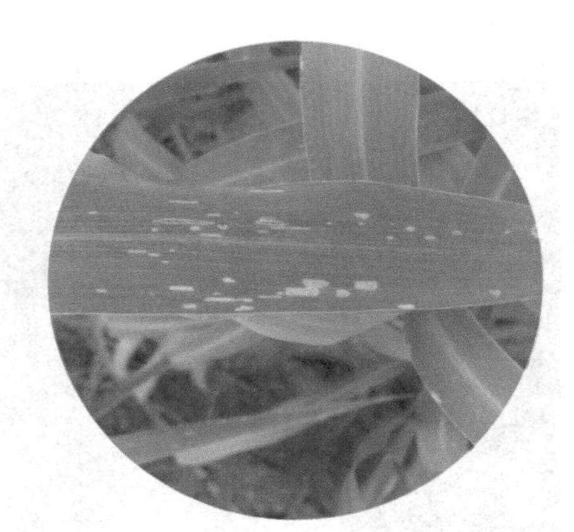

图 6 黏虫，低龄幼虫为害谷子叶片，形成小孔

图 7 黏虫，幼虫 3 龄后为害玉米叶片形成缺刻

图 8 黏虫，幼虫 3 龄后为害玉米叶片形成缺刻

图 9　黏虫，幼虫为害玉米幼苗，吃光叶片

图 10　黏虫，幼虫进入暴食期，玉米被吃成光杆

上，可将叶片吃光仅剩叶脉，植株成为光杆（图 10）。同时，黏虫幼虫还可为害玉米、谷子穗部，造成严重减产，甚至绝收（图 11、图 12）。当一块田被吃光后，幼虫常成群迁到另一块田为害，故又名“行军虫”。

图 11　黏虫，幼虫吃光玉米花丝

图 12　黏虫，幼虫为害谷子穗部

形态特征

（1）成虫（图 13）：成虫体色呈淡黄色或淡灰褐色，体长 17 ~ 20mm，翅展 35 ~ 45mm，触角丝状，前翅中央近前缘有 2 个淡黄色圆斑，外侧环形圆斑较大，后翅正面呈暗褐色，反面呈淡褐色，缘毛呈白色，由翅尖向斜后方有 1 条暗色条纹，中室下角处有 1 个小白点，白点两侧各有 1 个小黑点。雄蛾较小，体色较深，其尾端经挤压后，可伸出 1 对鳃盖形的抱握器，抱握器顶端具 1 根长刺，这一特征是区别于其他近似种的可靠特征。雌蛾腹部末端有 1 个尖形的产卵器。

图 13　黏虫，成虫

（2）卵（图 14）：馒头状，初产时白色，渐变为黄色，孵化时为黑色。卵粒常排列成 2 ~ 4 行或重叠堆积成块，每个卵块一般有几十粒至百余粒卵。

（3）幼虫（图 15）：共 6 龄，老熟幼虫体长 35 ~ 40mm。体色随龄期和虫口密度变化较大，从淡绿色到黑褐色，密度大时多为灰黑色

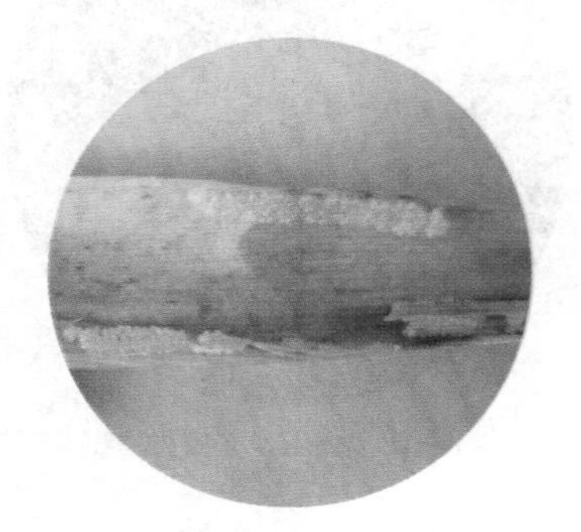

图 14　黏虫，卵

图 15　黏虫，幼虫

至黑色。头部有“八”字形黑褐色纵纹，体背有5条不同颜色的纵线，腹部整个气门孔黑色，具光泽。

（4）蛹（图16）：棕褐色，腹部背面第5～7节后缘各有一列齿状点刻，尾端有刺6根，中央2根较长。

图16　黏虫，蛹

发生规律

黏虫属迁飞性害虫，其越冬分界线在北纬33°一带，我国从北到南一年发生2～8代。河南省1年发生4代，全年以第2、第3代为害严重，越冬代成虫始见于2月中下旬，成虫盛期出现在3月中旬至4月中旬。第1代幼虫发生于4月下旬至5月上旬，主要在黄河以南麦田为害；第2代幼虫发生于6月下旬，主要为害玉米；第3代幼虫发生于7月底至8月上中旬，主要为害玉米、谷子；第4代幼虫发生于9月中下旬，主要取食杂草，有些年份10月中下旬为害小麦。成虫产卵于叶尖或嫩叶、心叶皱缝间，常使叶片成纵卷。幼虫共6龄，初孵幼虫行走如尺蠖，有群集性，1～2龄幼虫多在植株基部叶背或分蘖叶背光处为害，3龄后食量大增，5～6龄进入暴食阶段，其食量占整个幼虫期的90%左右。3龄后的幼虫有假死性，受惊动迅速蜷缩坠地，晴天白昼潜伏在根处土缝中，傍晚后或阴天爬到植株上为害。老熟幼虫入土化蛹。该虫适宜温度为10～25℃，适宜相对湿度为85%。气温低于15℃或高于25℃，产卵明显减少，气温高于35℃即不能产卵。成虫产卵前需取食花蜜补充营养。天敌主要有步行甲、蛙类、鸟类、寄生蜂、寄生蝇等。

防治措施

1. 物理防治

（1）谷草把诱杀：利用成虫多在禾谷类作物叶上产卵习性，进行诱杀。在麦田插谷草把或稻草把，每亩插60 ~ 100个，每5d更换新草把，把换下的草把集中烧毁。

（2）糖醋液诱杀：利用成虫对糖醋液的趋性，诱杀成虫。用1.5份红糖、2份食用醋、0.5份白酒、1份水加少许敌百虫或其他农药搅匀后，盛于盆内，置于距地面1m左右的田间，500m左右设1个点，每5d更换1次药液。

（3）灯光诱杀：利用成虫的趋光性，安装频振式杀虫灯诱杀成虫。

2. 化学防治　防治适期掌握在幼虫3龄前。每亩可用灭幼脲1号有效成分1 ~ 2g或灭幼脲3号有效成分3 ~ 5g对水30kg均匀喷雾，也可用90%晶体敌百虫或50%辛硫磷乳油1 000 ~ 1 500倍液，或4.5%高效氯氰菊酯乳油或2.5%溴氰菊酯乳油2 500 ~ 3 000倍液喷雾防治。

七、蛴螬

分布与为害

蛴螬是鞘翅目金龟甲总科幼虫的总称，我国常见的种类有大黑鳃金龟甲、暗黑鳃金龟甲、铜绿丽金龟甲、黄褐丽金龟甲等，广泛分布于我国小麦产区。蛴螬食性复杂，可为害小麦、玉米、花生、大豆、蔬菜等多种农作物、牧草及果树和林木的幼苗。在小麦上，主要取食萌发的种子，咬断小麦的根、茎，轻者造成缺苗断垄（图 1 ~ 3），

图 1　蛴螬，为害小麦，造成缺苗断垄

图2　蛴螬，为害小麦，造成单株死亡

图3　蛴螬，为害小麦，造成小麦成行死亡

重者造成麦苗大量死亡，麦田中出现空白地(图4、图5)，损失严重。蛴螬为害麦苗的根、茎时，断口整齐平截，易于识别（图6）。有时成虫也为害小麦叶片，影响小麦生长发育（图7 ~ 9）。

图4　蛴螬，为害小麦，造成小麦成片死亡

图5　蛴螬，为害小麦，麦田形成空白地

图6　蛴螬，为害小麦，断口整齐

图7　黄褐丽金龟甲，成虫在小麦叶片上的为害状

图8　黄褐丽金龟甲，成虫正在小麦叶片上为害

图9　黄褐丽金龟甲，成虫

形态特征

1. 大黑鳃金龟甲　成虫（图10、图11）体长16～22mm，宽8～11mm。黑色或黑褐色，具光泽。触角10节，鳃片部3节呈黄褐色或赤褐色，约为其后6节之长度。鞘翅长椭圆形，其长度为前胸背板宽度的2倍，每侧有4条明显的纵肋。3龄幼虫（图12）体长35～45mm，头宽4.9～5.3mm。头部前顶刚毛每侧3根，其中冠缝侧2根，额缝上方近中部1根。

图10　大黑鳃金龟甲，成虫

图11　大黑鳃金龟甲，成虫交尾

图12　大黑鳃金龟甲，幼虫

2. 暗黑鳃金龟甲　成虫（图13）体长17～22mm，宽9～11.5mm。长卵形，暗黑色或红褐色，无光泽。前胸背板前缘具有成列的褐色长毛。鞘翅伸长，两侧缘几乎平行，每侧4条纵肋不显。3龄幼虫（图14）体长35～45mm，头宽5.6～6.1mm。头部前顶刚毛每侧1根，位于冠缝侧。

3. 铜绿丽金龟甲　成虫（图15、图16）体长19～21mm，宽10～11.3mm。背面铜绿色，其中头、前胸背板、小盾片色较浓，鞘翅色较淡，有金属光泽。3龄幼虫体长30～33mm，头宽4.9～5.3mm。头部前顶刚毛每侧6～8根，排成一纵列。

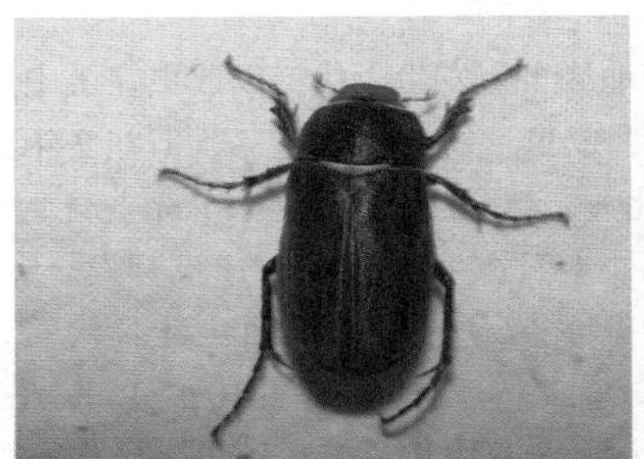

图 13　暗黑鳃金龟甲，成虫

图 14　暗黑鳃金龟甲，幼虫

图 15　铜绿丽金龟甲，成虫

图 16　铜绿丽金龟甲，成虫交尾

发生规律

1. 大黑鳃金龟甲 我国仅华南地区1年发生1代，以成虫在土中越冬；其他地区均是2年发生1代，成虫、幼虫均可越冬，但在2年1代区，存在不完全世代现象。在北方，越冬成虫于春季10cm土温上升到14 ~ 15℃时开始出土，10cm处土温达17℃以上时成虫盛发。5月中下旬日均气温21.7℃时田间始见卵，6月上旬至7月上旬日均气温24.3 ~ 27.0℃时为产卵盛期，末期在9月下旬。卵期10 ~ 15d，6月上中旬开始孵化，盛期在6月下旬至8月中旬。孵化幼虫除极少一部分当年化蛹羽化，大部分当秋季10cm处土温低于10℃时，即向深土层移动，低于5℃时全部进入越冬状态。越冬幼虫翌年春季当10cm处土温上升到5℃时开始活动。大黑鳃金龟种群的越冬虫态既有幼虫，又有成虫。以幼虫越冬为主的年份，翌年春季麦田和春播作物受害重，而夏秋作物受害轻；以成虫越冬为主的年份，翌年春季作物受害轻，夏秋作物受害重。出现隔年严重为害的现象，群众谓之“大小年”。

2. 暗黑鳃金龟甲 在苏、皖、豫、鲁、冀、陕等地均是1年发生1代，多数以3龄幼虫筑土室越冬，少数以成虫越冬。以成虫越冬的，成为翌年5月出土的虫源。以幼虫越冬的，一般春季不为害，于4月初至5月初开始化蛹，5月中旬为化蛹盛期。蛹期15 ~ 20d，6月上旬开始羽化，盛期在6月中旬，7月中旬至8月上旬为成虫活动高峰期。7月初田间始见卵，盛期在7月中旬，卵期8 ~ 10d，7月中旬开始孵化，7月下旬为孵化盛期。初孵幼虫即可为害，8月中下旬为幼虫为害盛期。

3. 铜绿丽金龟甲 1年发生1代，以幼虫越冬。越冬幼虫在春季10cm处土温高于6℃时开始活动，3 ~ 5月有短时间为害。在皖、苏等地，越冬幼虫于5月中旬至6月下旬化蛹，5月底为化蛹盛期。成虫出现始期为5月下旬，6月中旬进入活动盛期。产卵盛期在6月下旬至7月上旬。7月中旬为卵孵化盛期，孵化幼虫为害至10月中旬。当10cm处土温低于10℃时，开始下潜越冬。越冬深度大多在20 ~ 50cm。室内饲养观察表明，铜绿丽金龟的卵期、幼虫期、蛹期和成虫期分别为7 ~ 13d、313 ~ 333d、7 ~ 11d和25 ~ 30d。在东北地区，春季幼虫为害期略迟，盛期在 5 月下旬至 6 月初。

防治措施

1. 农业防治 大面积秋、春耕，并随犁拾虫，腐熟厩肥，以降低虫口数量；在蛴螬发生严重的地块，合理灌溉，促使蛴螬向土层深处转移，避开幼苗最易受害时期。

2. 物理防治 使用频振式杀虫灯防治成虫效果极佳。佳多频振式杀虫灯单灯控制面积 30 ~ 50 亩，连片规模设置效果更好。灯悬挂高度，前期 1.5 ~ 2m，中后期应略高于作物顶部。一般 6 月中旬开始开灯，8 月底撤灯，每日开灯时间为晚 9 时至次日凌晨 4 时。

3. 化学防治

（1）土壤处理：可用 50% 辛硫磷乳油每亩 200 ~ 250g，加水 10 倍，喷于 25 ~ 30kg 细土中拌匀成毒土，顺垄条施，随即浅锄，能收到良好效果，并兼治金针虫和蝼蛄。

（2）种子处理：用 50% 辛硫磷乳油按照药：水：种子以 1 ∶ 50 ∶ 500 的比例拌种，也可用 25% 辛硫磷胶囊剂，或用种子量 2% 的 35% 克百威种衣剂拌种，亦能兼治金针虫和蝼蛄等地下害虫。

（3）沟施毒谷：每亩用辛硫磷胶囊剂 150 ~ 200g 拌谷子等饵料 5kg 左右，或 50% 辛硫磷乳油 50 ~ 100g 拌饵料 3 ~ 4kg，撒于种沟中，兼治蝼蛄、金针虫等地下害虫。

八、金针虫

分布与为害

金针虫是鞘翅目叩头甲科的幼虫，又称叩头虫、沟叩头甲、土蚰蜒、芨芨虫、钢丝虫，除为害小麦外，还为害玉米、谷子、果树、蔬菜等农作物。我国为害农作物的金针虫主要有沟金针虫、细胸金针虫和褐纹金针虫。沟金针虫分布在我国的北方。细胸金针虫主要分布在黑龙江、内蒙古、新疆，南至福建、湖南、贵州、广西、云南。褐

图 1 金针虫，大田为害造成缺苗断垄

纹金针虫主要分布在华北及河南、东北、西北等地。以幼虫在土中取食播种下的种子、小麦根系，轻者造成缺苗断垄，重者全田毁种，损失很大（图 1 ~ 3）。金针虫为害小麦的断口不整齐，易和其他地下害虫相区别（图 4）。

图 2　金针虫，咬断小麦茎基部

图 3　金针虫，钻蛀小麦茎基部

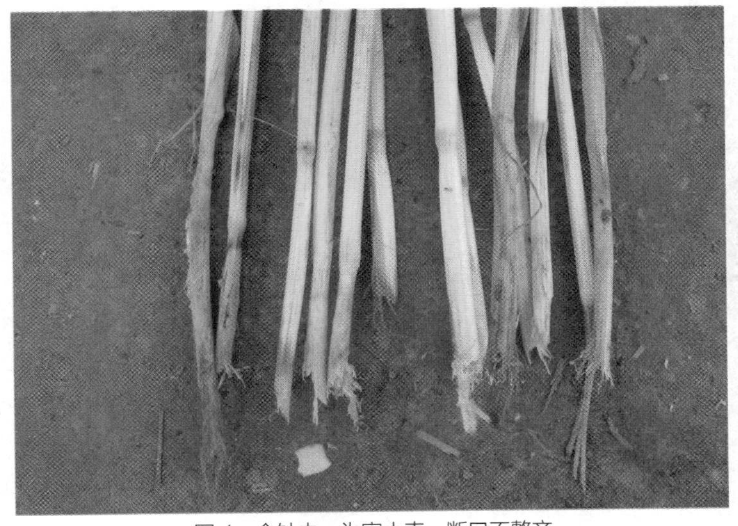

图 4　金针虫，为害小麦，断口不整齐

形态特征

1. 沟金针虫 成虫深栗色。全体被黄色细毛。头部扁平，头顶呈三角形凹陷，密布刻点。雌虫（图5）体长14 ~ 17mm，宽约5mm，体形较扁；雄虫体长14 ~ 18mm，宽约3.5mm，体形窄长。雌虫触角11节，略呈锯齿状，长约为前胸的2倍。雄虫触角12节，丝状，长及鞘翅末端；雌虫前胸较发达，背面呈半球状隆起，前狭后宽，宽大于长，密布刻点，中央有微细纵沟，后缘角向后方突出，鞘翅长约为前胸的4倍，其上纵沟不明显，密生小刻点，后翅退化。雄虫鞘翅长约为前胸的5倍，其上纵沟明显，有后翅。卵近椭圆形，乳白色。老熟幼虫体长20 ~ 30mm，细长筒形，略扁，体壁坚硬而光滑，具黄色细毛，尤以两侧较密。体黄色，前头和口器暗褐色，头扁平，胸、腹部背面中央有1条细纵沟。尾端分叉（图6），并稍向上弯曲。

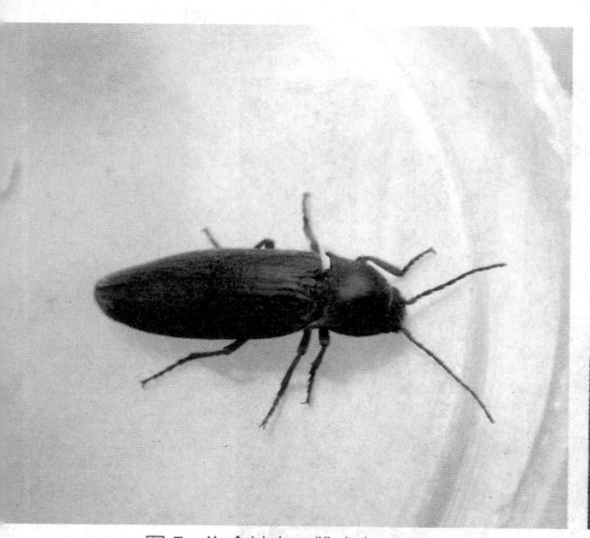

图5 沟金针虫，雌成虫

图6 沟金针虫，幼虫，尾节分叉

2. 细胸金针虫 成虫(图7)体长8 ~ 9mm,宽约2.5mm。暗褐色,被灰色短毛,并有光泽。触角红褐色,第2节球形。前胸背板略呈圆形,长大于宽,鞘翅长为头胸部的2倍,上有9条纵列刻点。卵乳白色,圆形。末龄幼虫体长约32mm,宽约1.5mm,细长圆筒形,淡黄色,光亮。尾节圆锥形,不分叉(图8)。

图7 细胸金针虫,成虫

图8 细胸金针虫,幼虫,尾节不分叉

3. 褐纹金针虫 成虫体长9mm,宽2.7mm,体细长,黑褐色,被灰色短毛;头部黑色,向前凸,密生刻点;触角暗褐色,第2、第3节近球形,第4节较第2、第3节长。前胸背板黑色,刻点较头上的小,后缘角后突。鞘翅长为胸部的2.5倍,黑褐色,具纵列刻点9条,腹部暗红色,足暗褐色。末龄幼虫体长25mm,宽1.7mm,体圆筒形细长,棕褐色,具光泽。第1胸节、第9腹节红褐色。头梯形扁平,上生纵沟并具小刻点,体背具微细刻点和细沟,第1胸节长,第2胸节至第8腹节各节的前缘两侧,均具深褐色新月形斑纹。尾节扁平且尖,尾节前缘具半月形斑2个,前部具纵纹4条,后半部具皱纹且密生粗大刻点。幼虫共7龄。

发生规律

1. 沟金针虫　2～3年发生1代，以幼虫和成虫在土中越冬。在北京，3月中旬10cm处土温平均为6.7℃时，幼虫开始活动；3月下旬土温达9.2℃时，开始为害。4月上中旬土温为15.1～16.6℃时为害最烈。5月上旬土温为19.1～23.3℃时，幼虫则渐趋13～17cm深土层栖息。6月10cm处土温达28℃以上时，沟金针虫下潜至深土层越夏。9月下旬至10月上旬，土温下降到18℃左右时，幼虫又上升到表土层活动。10月下旬随土温下降幼虫开始下潜，至11月下旬10cm处土温平均为1.5℃时，沟金针虫潜于27～33cm深的土层越冬。雌成虫无飞翔能力，雄成虫善飞，有趋光性；白天潜伏于表土内，夜间出土交配、产卵。由于沟金针虫雌成虫活动能力弱，一般多在原地交尾产卵，故扩散为害受到限制，因此在虫口数量高的田内一次防治后，在短期内种群密度不易回升。

2. 细胸金针虫　在陕西2年发生1代。西北农业大学报道，在室内饲养发现细胸金针虫有世代多态现象。冬季以成虫和幼虫在土下20～40cm深处越冬,翌年3月上中旬,10cm处土温平均7.6～11.6℃、气温5.3℃时，成虫开始出土活动；4月中下旬土温15.6℃、气温13℃左右为活动盛期，6月中旬为末期。成虫寿命199.5～353d，但出土活动时间只有75d左右。成虫白天潜伏土块下或作物根茬中，傍晚活动。成虫出土后1～2h，为交配盛期，可多次交配。产卵前期约40d，卵散产于表土层内。每雌虫产卵5～70粒。产卵期39～47d，卵期19～36d，幼虫期405～487d。幼虫老熟后在20～30cm深处做土室化蛹，预蛹期4～11d，蛹期8～22d，6月下旬开始化蛹，直至9月下旬。成虫羽化后即在土室内蛰伏越冬。

3. 褐纹金针虫　在陕西3年发生1代，以成虫、幼虫在20～40cm土层里越冬。翌年5月上旬旬平均土温17℃、气温16.7℃时越冬成虫开始出土；成虫活动适温20～27℃,下午活动最盛,把卵产在麦根10cm处。成虫寿命250～300d，5～6月进入产卵盛期，卵期16d。翌年以5～7龄幼虫越冬，第3年以7龄幼虫在7～8月于20～30cm深处化蛹，蛹期 17d 左右，成虫羽化后在土中即行越冬。

防治措施

1. 农业防治 大面积秋、春耕，并随犁拾虫，施腐熟厩肥，合理灌水，以降低虫口数量。

2. 化学防治

（1）土壤处理：可用 50% 辛硫磷乳油每亩 200 ~ 250g，加水 10 倍，喷于 25 ~ 30kg 细土中拌匀成毒土，顺垄条施，随即浅锄，能收到良好效果，并兼治蛴螬、蝼蛄。

（2）种子处理：用 50% 辛硫磷乳油按照药：水：种子以 1：50：500 的比例拌小麦种子，或用 25% 辛硫磷胶囊剂，或用种子量 2% 的 35% 克百威种衣剂拌种，亦能兼治蛴螬、蝼蛄等地下害虫。

（3）沟施毒谷：每亩用辛硫磷胶囊剂 150 ~ 200g 拌谷子等饵料 5kg 左右，或 50% 辛硫磷乳油 50 ~ 100g 拌饵料 3 ~ 4kg，撒于种沟中，兼治蛴螬和蝼蛄等地下害虫。

九、蝼蛄

分布与为害

蝼蛄又称大蝼蛄、拉拉蛄、地拉蛄，我国主要有华北蝼蛄和东方蝼蛄 2 种，均属直翅目蝼蛄科。华北蝼蛄分布在北纬 32° 以北地区，东方蝼蛄主要分布在我国北方各地。

蝼蛄以成、若虫咬食小麦种子和幼苗，特别喜食刚发芽的种子，造成严重缺苗、断垄；也咬食幼根和嫩茎，扒成乱麻状或丝状，使幼

图 1　蝼蛄，在麦田的隧道，造成单株小麦死亡

苗生长不良甚至死亡。蝼蛄最大的为害在于其善在土壤表层爬行，往来乱窜，隧道纵横，能造成种子架空不能发芽，幼苗吊根失水而死，也就是群众俗称的“不怕蝼蛄咬，就怕蝼蛄跑”(图 1 ~ 4)。

图 2　蝼蛄，在麦田的隧道，造成小麦成行死亡

图 3　蝼蛄，在麦田的隧道，造成多行小麦受害

图 4　蝼蛄，在空白地的隧道

形态特征

图5　华北蝼蛄，成虫

1. 华北蝼蛄　成虫（图5）雌虫体长45 ~ 50mm，最大可达66mm，头宽9mm；雄虫体长39 ~ 45mm，头宽5.5mm。体黑褐色，密被细毛，腹部近圆筒形。前足腿节下缘呈"S"形弯曲，后足胫节内上方有刺1 ~ 2根（或无刺）。若虫共13龄，初龄体长3.6 ~ 4mm，末龄体长36 ~ 40mm。初孵化若虫头、胸特别细，腹部很肥大，全身乳白色，复眼淡红色，以后颜色逐渐加深，5 ~ 6龄后基本与成虫体色相似。

2. 东方蝼蛄　成虫（图6）雌虫体长31 ~ 35mm，雄虫体长30 ~ 32mm，体黄褐色，密被细毛，腹部近纺锤形。前足腿节下缘平直，后足胫节内上方有等距离排列的刺3 ~ 4根（或4根以上）。若虫（图7）初龄体长约4mm，末龄体长约25mm。初孵若虫头、胸特别细，腹部很肥大，全身乳白色，复眼淡红色，腹部红色或棕色，半天以后，头、胸、足逐渐变为灰褐色，腹部淡黄色，2龄或3龄以后若虫体色接近成虫。

图6　东方蝼蛄，成虫

图7　东方蝼蛄，若虫

发生规律

1. 华北蝼蛄 3年左右发生1代。在北方以8龄以上若虫或成虫越冬，翌年春季3月中下旬成虫开始活动，4月出窝转移，地表出现大量虚土隧道。6月开始产卵，6月中下旬孵化为若虫，进入10～11月以8～9龄若虫越冬。黄淮海地区20cm深处土温达8℃的3～4月华北蝼蛄即开始活动，交配后在土中15～30cm深处做土室，雌虫把卵产在土室中，产卵期1个月；产卵3～9次，每雌虫平均产卵量288～368粒。成虫夜间活动，有趋光性。

2. 东方蝼蛄 在北方地区2年发生1代，在南方1年发生1代，以成虫或若虫在地下越冬。清明后上升到地表活动，在洞口可顶起一小虚土堆。5月上旬至6月中旬是蝼蛄最活跃的时期，也是第一次为害高峰期，6月下旬至8月下旬，天气炎热，转入地下活动，6～7月为产卵盛期。9月气温下降时，再次上升到地表形成第2次为害高峰；10月中旬以后，陆续钻入深层土中越冬。蝼蛄昼伏夜出，以夜间9～11时活动最盛，特别在气温高、湿度大、闷热的夜晚，大量出土活动。早春或晚秋因气候凉爽，仅在表土层活动，不到地面上，在炎热的中午常潜至深土层。具趋光性，并对香甜物质具有强烈趋性。成虫及若虫均喜松软潮湿的壤土或沙壤土，20cm深表土层含水量20%以上最适宜，含水量小于15%时活动减弱。当气温为12.5～19.8℃、20cm处土温为15.2～19.9℃时，对蝼蛄最适宜，温度过高或过低时，蝼蛄则潜入深层土中。

防治措施

1. 农业防治 秋收后深翻土地，压低越冬幼虫基数。

2. 物理防治 使用频振式杀虫灯进行诱杀。

3. 化学防治

（1）土壤处理：50%辛硫磷乳油每亩用200～250g，加水10倍，喷于25～30kg细土拌匀成毒土，顺垄条施，随即浅锄；或以同样用量的毒土撒于种沟或地面，随即耕翻；或混入厩肥中施用，或结合灌水施入。或用 5% 辛硫磷颗粒剂，每亩用 2.5 ~ 3kg 处理土壤，也能收到良好效果，并兼治金针虫和蛴螬。

（2）种子处理：用 50% 辛硫磷乳油按照药：水：种子为 1：50：500 比例拌小麦种子。

（3）毒饵防治：每亩按 1：5 用 50% 杀螟丹可溶性粉剂拌炒香的麦麸，加适量水拌成毒饵，于傍晚撒于地面。

十、棉铃虫

分布与为害

棉铃虫又名钻桃虫、钻心虫等，属鳞翅目夜蛾科，分布广，食性杂，主要为害棉花，还可为害小麦、玉米、花生、大豆、蔬菜等多种农作物。以幼虫为害麦粒、茎、叶，主要为害麦粒（图 1 ～ 4）。虫量大时，损失严重。

图 1　棉铃虫，体色黄白型幼虫，为害小麦穗部

图 2　棉铃虫，体色淡绿色型，幼虫为害小麦穗部

图 3　棉铃虫，体色花色型，幼虫为害小麦穗部

图 4　棉铃虫，体色淡褐色型，幼虫为害小麦穗部

形态特征

（1）成虫：体长 15 ~ 20mm，前翅颜色变化大，雌蛾多黄褐色，雄蛾多绿褐色，外横线有深灰色宽带，带上有 7 个小白点，肾形纹和环形纹暗褐色（图 5）。

（2）卵：近半球形，表面有网状纹。初产时乳白色，近孵化时紫褐色（图 6）。

图 5　棉铃虫，成虫，在小麦穗部产卵

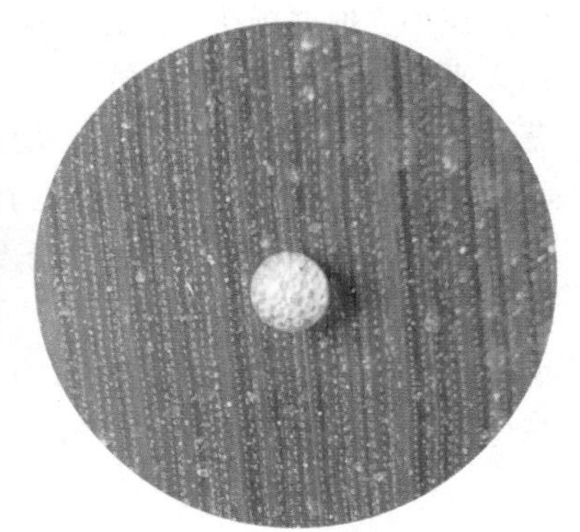

图 6　棉铃虫，产在小麦叶片上的卵，卵表面有网状纹

（3）幼虫：老熟幼虫体长 40 ~ 45mm，头部黄褐色，气门线白色，体背有十几条细纵线条，各腹节上有刚毛疣 12 个，刚毛较长。两根前胸侧毛的连线与前胸气门下端相切，这是区分棉铃虫幼虫与烟青虫幼虫的主要特征。体色变化多，以黄白色、暗褐色、淡绿色、绿色为主。

图 7　棉铃虫，蛹

（4）蛹：长 17 ~ 20mm，纺锤形，黄褐色，第 5 ~ 7 腹节前缘密布比体色略深的刻点，尾端有臀刺 2 个（图 7）。

发生规律

在为害小麦较重的产麦区 1 年发生 4 代，第 1 代为害小麦。以蛹在土中做室越冬，翌年小麦孕穗期出现越冬代蛾，抽穗扬花期为蛾盛期，成虫具趋光性，晚上活动，卵多产在长势好的麦田穗部。第 1 代幼虫盛期在小麦抽穗扬花期，幼虫多在早上 7 ~ 9 时和晚上 19 ~ 21 时活动，白天光线较强活动减少，弱光、适温、阴天取食较强。幼虫可取食麦粒、茎、叶片，以取食麦粒为主，幼虫取食麦粒排出的虫粪为白色，虫量大时地面会出现一层类似尿素的白色虫粪。低孵幼虫常 3 ~ 4 头聚集在一个麦穗上取食，4 龄后一个麦穗只有一头幼虫取食。幼虫有转粒、转株为害习性，一头幼虫一生可破坏 40 ~ 60 个麦粒。老熟幼虫入土做室化蛹，羽化后为害其他作物，秋季第 4 代老熟幼虫入土做室化蛹越冬。

防治措施

1. 农业防治　秋田收获后，及时深翻耙地，冬灌，可消灭大量越冬蛹。

2. 物理防治　成虫发生期，应用佳多频振式杀虫灯、450W 高压汞灯、20W 黑光灯、棉铃虫性诱剂诱杀成虫。

3. 化学防治　幼虫 3 龄前选用 40% 毒死蜱乳油 1 000 ~ 1 500 倍液，也可用 4.5% 高效氯氰菊酯或 2.5% 溴氰菊酯乳油 2 500 ~ 3 000 倍液均匀喷雾防治。

十一、东亚飞蝗

分布与为害

东亚飞蝗又名蚂蚱，属直翅目蝗科，主要分布在我国北纬 42°以南的冲积平原地带，以冀、鲁、豫、津、晋、陕等省（市）发生较重。可为害小麦、玉米、高粱、谷子、芦苇等多种禾本科作物、杂草等，以成虫或若虫咬食植物叶、茎，密度大时可将植物吃成光杆。东亚飞蝗具有群居性、迁飞性、暴食性等特点，能远距离迁飞造成毁灭性为害（图 1 ~ 3）。

图 1　东亚飞蝗，群聚型高密度蝗群，为害芦苇

图2　东亚飞蝗，为害芦苇

图3　东亚飞蝗，为害小麦

形态特征

（1）成虫(图4、图5)：体形较大，雄成虫体长33～48mm，雌成虫体长39～52mm。有群居型、散居型和中间型3种类型。群居型体色为黑褐色；散居型体色为绿色或黄褐色，羽化后经多次交配并产卵后的成虫体色可呈鲜黄色；中间型体色为灰色。

图4　东亚飞蝗，成虫

成虫头部较大，颜面垂直。触角丝状，淡黄色。具有1对复眼和3个单眼，咀嚼式口器。前胸、中胸和后胸腹面各具1对足。中胸、后胸背面各着生1对翅。前胸背板马鞍形，中隆线明显，两侧常有暗色纵条纹，群居型条纹明显，散居型和中间型条纹不明显或消失；从

图5　东亚飞蝗，成虫

侧面看，散居型中隆线上缘呈弧形，群居型较平直或微凹。

（2）卵：卵块（图6、图7）黄褐色或淡褐色，呈长筒形，长45 ~ 67mm，卵粒排列整齐，微斜成4行长筒形，每个卵块有卵40 ~ 80粒，个别多达200粒（图8）。

（3）蝗蝻（图9）：蝗虫的若虫称蝗蝻，共5龄。

图6　东亚飞蝗，卵块

图7　东亚飞蝗，卵块

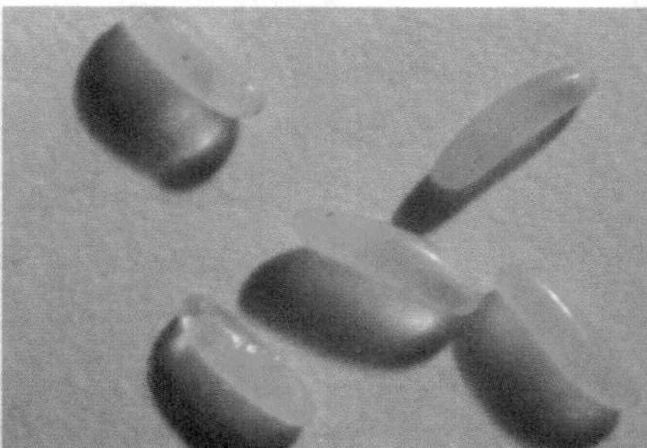

图8　东亚飞蝗，卵粒

图9　东亚飞蝗，蝗蝻

发生规律

东亚飞蝗在北京以北 1 年发生 1 代，在黄淮海流域 1 年发生 2 代，南部地区 1 年发生 3 ~ 4 代。以卵在土中越冬。黄淮海流域第 1 代夏蝗 4 月中下旬孵化，6 月中下旬至 7 月上旬羽化为成虫。第 2 代 7 月中下旬至 8 月上旬孵化，8 月下旬至 9 月上旬羽化为成虫。卵多产在草原、河滩及湖泊沿岸荒地，1 ~ 2 龄蝗蝻群集在植株上，2 龄以上在光裸地及浅草地群集，密度大时形成群居型蝗蝻。群居型蝗蝻和成虫有结队迁移或成群迁飞的习性。一头东亚飞蝗一生可食 267.4g 食物，成虫期食量为蝗蝻期的 3 ~ 7 倍。东亚飞蝗喜食禾本科作物及杂草，饥饿时也取食大豆等阔叶作物。

东亚飞蝗的适生环境为地势低洼、易涝易旱，或水位不定的河库、湖滩地或沿海盐碱荒地，泛区、内涝区也易成为飞蝗的繁殖基地。大面积荒滩或间有耕作粗放的夹荒地最适宜蝗虫产卵。一般年份这些荒地随着水面缩小而增大，宜蝗面积增加。先涝后旱是导致蝗虫大发生的最重要条件。聚集、扩散与迁飞是飞蝗适应环境的一种行为特点。

防治措施

1. 生态控制技术 兴修水利，稳定湖河水位，大面积垦荒种植，精耕细作，减少蝗虫滋生地；植树造林，改善蝗区小气候，消灭飞蝗产卵繁殖场所；因地制宜种植紫穗槐、冬枣、牧草、马铃薯、麻类等飞蝗不食的作物，断绝其食物来源。

2. 生物防治 在蝗蝻 2 ~ 3 龄期，用蝗虫微孢子虫每亩（2 ~ 3）× 10^9 个孢子，飞机作业喷施。也可用 20% 杀蝗绿僵菌油剂每亩 25 ~ 30mL，加入 500mL 专用稀释液后，用机动弥雾机喷施，若用飞机超低量喷雾，每亩用量一般为 40 ~ 60mL。

3. 化学防治 在蝗虫大发生年或局部蝗情严重，生态和生物措施不能控制蝗灾蔓延，应立即采用包括飞机在内的先进施药器械，在蝗蝻3龄前及时进行应急防治。有机磷农药、菊酯类农药对东亚飞蝗均有很好的防治效果。

十二、蟋蟀

分布与为害

蟋蟀,俗名蛐蛐,属直翅目蟋蟀科,主要种类有大蟋蟀、油葫芦等。大蟋蟀主要分布在华南地区，华北、华东和西南地区以油葫芦为主。蟋蟀食性复杂，以成虫、若虫为害农作物的叶、茎、枝、果实、种子，有时也为害根部。条件适宜年份会为害秋播麦苗,发生量大时可成灾。偶入室会咬毁衣服及食物。

形态特征

（1）成虫（图1）：雄性体长 18.9 ~ 22.4mm，雌性体长 20.6 ~ 24.3mm，身体背面黑褐色，有光泽，腹面为黄褐色，头顶黑色，复眼内缘、头部及两颊黄褐色，前胸背板有两个月牙纹，中胸腹板后缘内凹。前翅淡褐色有光泽，后翅尖端纵折，露出腹端很长，形如尾须。后足褐色，强大，胫节具刺6对，具距6枚。

图1 蟋蟀，成虫

（2）卵长筒形，两端微尖，乳白色微黄。

（3）若虫（图 2）：共 6 龄，体背面深褐色，前胸背板月牙纹甚明显，雌、雄虫均具翅芽。

图 2　蟋蟀，若虫

发生规律

蟋蟀 1 年发生 1 代，以卵在土中越冬。若虫共 6 龄，4 月下旬至 6 月上旬若虫孵化出土，7 ~ 8 月为大龄若虫发生盛期。8 月初成虫开始出现，9 月为发生盛期，10 月中旬成虫开始死亡，个别成虫可存活到 11 月上中旬。若虫、成虫平时好居暗处，常夜晚活动，但夜间也扑向灯光。气候条件是影响蟋蟀发生的重要因素，通常 4 ~ 5 月雨水多，泥土湿度大，有利于若虫的孵化出土。5 ~ 8 月降大雨或暴雨，不利于若虫的生存。

防治措施

1. 农业防治　蟋蟀通常将卵产于 1 ~ 2cm 的土层中，冬、春季耕翻地，将卵深埋于 10cm 以下的土层，若虫难以孵化出土，可降低卵的有效孵化率。

2. 物理防治

（1）灯光诱杀：用杀虫灯或黑光灯诱杀成虫。

（2）堆草诱杀：蟋蟀若虫和成虫白天有明显的隐蔽习性，在田间或地头设置一定数量 5 ~ 15cm 厚的草堆，可大量诱集若、成虫，集中捕杀。

3. 化学防治　蟋蟀发生密度大的地块，可选用 80% 敌敌畏 1 500 ~ 2 000 倍液，或 50% 辛硫磷 1 500 ~ 2 000 倍液喷雾。或采取麦麸毒饵，用 50g 上述药液加少量水稀释后拌 5kg 麦麸，每亩地撒施 1 ~ 2kg；鲜草毒饵用 50g 药液加少量水稀释后拌 20 ~ 25kg 鲜草撒施田间。蟋蟀活动性强，应连片统一施药，以提高防治效果。

十三、蜗牛

分布与为害

蜗牛又名蜒蚰螺、水牛，为软体动物，主要有同型巴蜗牛和灰巴蜗牛两种，均为多食性，可为害小麦、玉米及十字花科、豆科、茄科蔬菜，以及棉、麻、甘薯、谷类、桑、果树等多种作物（图 1 ~ 4）。初孵幼贝食量小，仅食叶肉，留下表皮，稍大后以齿舌刮食叶、茎，形成孔洞或缺刻，甚至咬断幼苗，造成缺苗断垄。

图 1　蜗牛，为害小麦叶片

图2　蜗牛，为害小麦穗部

图3　蜗牛，为害玉米

图4　蜗牛，为害小白菜

形态特征

灰巴蜗牛（图 5）和同型巴蜗牛成螺的贝壳大小中等，壳质坚硬。

1. 灰巴蜗牛　壳较厚，呈圆球形，壳高 18 ~ 21mm，宽 20 ~ 23mm，有 5.5 ~ 6 个螺层，顶部几个螺层增长缓慢，略膨胀，体螺层急剧增长膨大；壳面黄褐色或琥珀色，常分布暗色不规则形斑点，并具有细致而稠密的生长线和螺纹；壳顶尖，缝合线深，壳口呈椭圆形，口缘完整，略外折，锋利，易碎。轴缘在脐孔处外折，略遮盖脐孔，脐孔狭小，呈缝隙状。卵为圆球形，白色。

图 5　灰巴蜗牛

2. 同型巴蜗牛　壳质厚，呈扁圆球形，壳高 11.5 ~ 12.5mm，宽 15 ~ 17mm，有 5 ~ 6 层螺层，顶部几个螺层增长缓慢，略膨胀，螺旋部低矮，体螺层迅速增长膨大；壳顶钝，缝合线深，壳面呈黄褐色至灰褐色，有稠密而细致的生长线。体螺层周缘或缝合线处常有一条暗褐色带，有些个体无。壳口呈马蹄形，口缘锋利，轴缘外折，遮盖部分脐孔。脐孔小而深，呈洞穴状。个体间形态变异较大。卵圆球形，乳白色有光泽，渐变淡黄色，近孵化时为土黄色。

发生规律

蜗牛属雌雄同体、异体交配的动物，一般1年繁殖1 ~ 3代，在阴雨多、湿度大、温度高的季节繁殖很快。5月中旬至10月上旬是它们的活动盛期，6 ~ 9月活动最为旺盛，一直到10月下旬开始下降，11月下旬以成贝和幼贝在田埂土缝、残株落叶、宅前屋后的砖块瓦片等物体下越冬。翌年3月上中旬开始活动，蜗牛白天潜伏，傍晚或清晨取食，遇有阴雨天则整天栖息在植株上。4月下旬至5月上旬成贝开始交配，此后不久产卵。成贝一年可多次产卵，卵多产于潮湿疏松的土里或枯叶下，每个成贝可产卵50 ~ 300粒。卵表面具黏液，干燥后卵粒粘在一起成块状，初孵幼贝多群集在一起取食，长大后分散为害，喜栖息在植株茂密、低洼潮湿处。

一般成贝存活2年以上，性喜阴湿环境，如遇雨天，昼夜活动，因此温暖多雨天气及田间潮湿地块受害重。干旱时，白天潜伏，夜间出来为害；若连续干旱，便隐藏起来，并分泌黏液，封住出口，不吃不动，潜伏在潮湿的土缝中或茎叶下，待条件适宜时，如下雨或浇水后，于傍晚或早晨外出取食。11月下旬又开始越冬。

蜗牛行动时分泌黏液，黏液遇空气干燥发亮，因此蜗牛爬行的地面会留下黏液痕迹。

防治措施

1. 农业防治

（1）清洁田园：铲除田间、地头、垄沟旁边的杂草，及时中耕松土、排除积水等，破坏蜗牛栖息和产卵场所。

（2）深翻土地：秋后及时深翻土壤，可使部分越冬成贝、幼贝暴露于地面冻死或被天敌啄食，卵则被晒暴裂而死。

（3）石灰隔离：地头或行间撒10cm左右的生石灰带，每亩用生石灰5 ~ 7.5kg，将越过石灰带的蜗牛杀死。

2. 物理防治　利用蜗牛昼伏夜出，黄昏为害的特性，在田间或保护地（温室或大棚）中设置瓦块、菜叶、树叶、杂草，或扎成把的树枝，白天蜗牛常躲在其中，可集中捕杀。

3. 化学防治

（1）毒饵诱杀：用多聚乙醛配制成含 2.5% ~ 6%有效成分的豆饼(磨碎)或玉米粉等毒饵，在傍晚时，均匀撒施在田垄上进行诱杀。

（2）撒颗粒剂：用 8% 灭蛭灵颗粒剂或 10%多聚乙醛颗粒剂，每亩用 2kg，均匀撒于田间进行防治。

（3）喷洒药液：当清晨蜗牛未潜入土时，用 70%氯硝柳胺 1 000 倍液，或灭蛭灵或硫酸铜 800 ~ 1 000 倍液，或氨水 70 ~ 100 倍液，或 1%食盐水喷洒防治。

十四、耕葵粉蚧

分布与为害

耕葵粉蚧是小麦根部的一种新害虫，分布于辽宁、河北、河南、山东、山西、安徽等省。以成虫、若虫聚集在小麦根部为害，造成小麦生长发育不良（图 1、图 2）。该虫除为害小麦外，还为害玉米、谷子、高粱等多种禾本科作物和杂草。

图 1　耕葵粉蚧，在小麦根部为害状

图 2　耕葵粉蚧，造成小麦发育不良

形态特征

雌成虫（图 3）体长 3 ～ 4.2mm，宽 1.4 ～ 2.1mm，长椭圆形，扁平，两侧缘近似于平行，红褐色，全身覆一层白色蜡粉。雄成虫体长约 1.42mm，宽约 0.27mm，身体纤弱，全体深黄褐色。卵长椭圆形，初橘黄色，孵化前浅褐色，卵囊白色，棉絮状。若虫共 2 龄，1 龄若虫体表无蜡粉，2 龄若虫体表出现白蜡粉。蛹长形略扁，黄褐色。茧长形，白色柔密，两侧近平行。

图 3　耕葵粉蚧，雌成虫

发生规律

在黄淮平原区耕葵粉蚧 1 年发生 3 代，以卵附着在田间残留的玉米根茬、苞叶内、杂草根部或土壤中残存的秸秆上越冬。第 1 代发生在 4 月中下旬至 6 月中旬，以若虫和雌成虫聚集在小麦根部为害，导致小麦发育不良（图 4、图 5）。越冬卵开始孵化，初孵若虫先在卵囊内活动 1 ～ 2d，再向四周分散，寻找寄主后固定下来为害。1 龄若虫活泼，没有分泌蜡粉保护层，是药剂防治的有利时期；2 龄后开始分泌蜡粉，在地下或进入植株下部的叶鞘中为害。第 2 代发生在 6 月中下旬至 8 月上旬，主要为害夏玉米幼苗。小麦收获时成虫羽化，产卵于玉米茎基部土中或叶鞘里，6 月中下旬卵孵化，迁至夏玉米的根部或近地面的叶鞘内。此时因夏玉米苗小，抵抗力弱，极易造成严重为害。第 3 代发生在 8 月上中旬至 9 月中旬，主要为害玉米、高粱等，因作物接近成熟，影响较小。9 ～ 10 月陆续产卵越冬，完成循环。

图 4 耕葵粉蚧，聚集在小麦根部为害

图 5 耕葵粉蚧，受害枯死的小麦萌发蘖生芽

防治措施

1. 农业防治

（1）合理轮作倒茬：在耕葵粉蚧发生严重地块不宜采用小麦—玉米两熟制种植结构，可夏玉米改种棉花、豆类、甘薯、花生等双子叶作物，以破坏该虫的适生环境。

（2）及时深耕灭茬：重发区夏秋作物收获后要及时深耕，并将根茬带出田外销毁。

（3）加强水肥管理：配方施肥，适时冬灌，合理灌溉，精耕细作，提高作物抗虫能力。

2. 化学防治 在 1 龄若虫期，用 50% 辛硫磷乳油或 48% 毒死蜱乳油 800 ~ 1 000 倍液顺麦垄灌根，使药液渗到植株根茎部，提高防治效果。

十五、斑须蝽

分布与为害

斑须蝽又名细毛蝽、黄褐蝽、斑角蝽、臭大姐，是小麦上的重要害虫，广泛分布在我国各地。该虫食性复杂，除为害小麦外，还可为害大麦、玉米、水稻、谷子、高粱、大豆、棉花、蔬菜、果树等多种农作物。以成虫和若虫刺吸嫩叶、嫩茎及穗部汁液。茎叶被害后，出现黄褐色斑点，严重时叶片卷曲，嫩茎凋萎，籽粒瘪瘦，影响小麦产量和品质。

形态特征

（1）成虫：体长 8 ~ 13.5mm，宽约 6mm，椭圆形，黄褐色或紫色，密被白绒毛和黑色小刻点；触角黑白相间；喙细长，紧贴于头部腹面。小盾片末端钝而光滑，黄白色。前翅革片红褐色，膜片黄褐色，透明，超过腹部末端。胸腹部的腹面淡褐色，散布零星小黑点，足黄褐色，腿节和胫节密布黑色刻点（图 1）。

图 1　斑须蝽，成虫

（2）卵：粒圆筒形，初产浅黄色，后灰黄色，卵壳有网纹，生白色短绒毛。卵排列整齐，成块状（图 2 ~ 4）。

图 2　斑须蝽，叶片上的卵块

图 3　斑须蝽，叶片上刚孵化的若虫

图 4　斑须蝽，穗部正在孵化的卵和刚孵化的若虫

（3）若虫：形态和色泽与成虫相同，略圆，腹部每节背面中央和两侧都有黑色斑（图 5）。

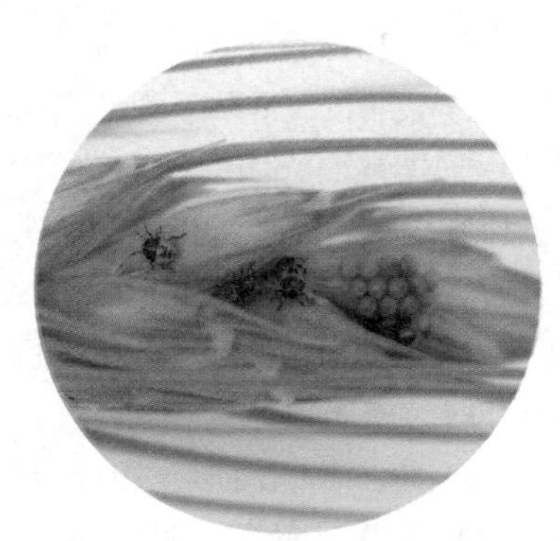

图 5　斑须蝽，若虫腹部每节背面中央及两侧的黑斑

发生规律

斑须蝽1年发生1～3代。内蒙古1年发生2代，以成虫在植物根际、枯枝落叶下、树皮裂缝中或屋檐底下等隐蔽处越冬。成虫4月初开始活动，4月中旬交尾产卵，4月底5月初幼虫孵化，第1代成虫6月初羽化，6月中旬为产卵盛期；第2代于6月中下旬至7月上旬幼虫孵化，8月中旬开始羽化为成虫，10月上中旬陆续越冬。在黄淮流域1年发生3代，第1代发生于4月中旬至7月中旬，第2代发生于6月下旬至9月中旬，第3代发生于7月中旬经越冬到翌年6月上旬。后期世代重叠现象明显。

成虫多将卵产在上部叶片正面或麦穗上，呈多行整齐排列，成块状。初孵若虫群集为害，2龄后扩散为害。成虫及若虫有恶臭，喜群集于作物幼嫩部分和穗部吸食汁液为害。

防治措施

1. 农业防治 清洁田园，深翻土壤，及时排涝，降低田间湿度，配方施肥，合理灌溉，提高作物抗虫能力。

2. 药剂防治 在若虫初孵时，用45%乐斯本乳油1 000倍液，或2.5%鱼藤酮乳油1 000倍液，或4.5%高效氯氰菊酯乳油2 500倍液，或2.5%功夫乳油1 000倍液喷雾防治。

十六、赤须盲蝽

分布与为害

赤须盲蝽又名红角盲蝽、赤须蝽，分布在黑龙江、吉林、辽宁、北京、河北、山东、河南、内蒙古、陕西、甘肃、青海、宁夏、新疆、江苏、江西、安徽等省（市、区）。除为害小麦外，还能为害谷子、糜子、高粱、玉米、麦类、水稻等禾本科作物及甜菜、芝麻、大豆、苜蓿、

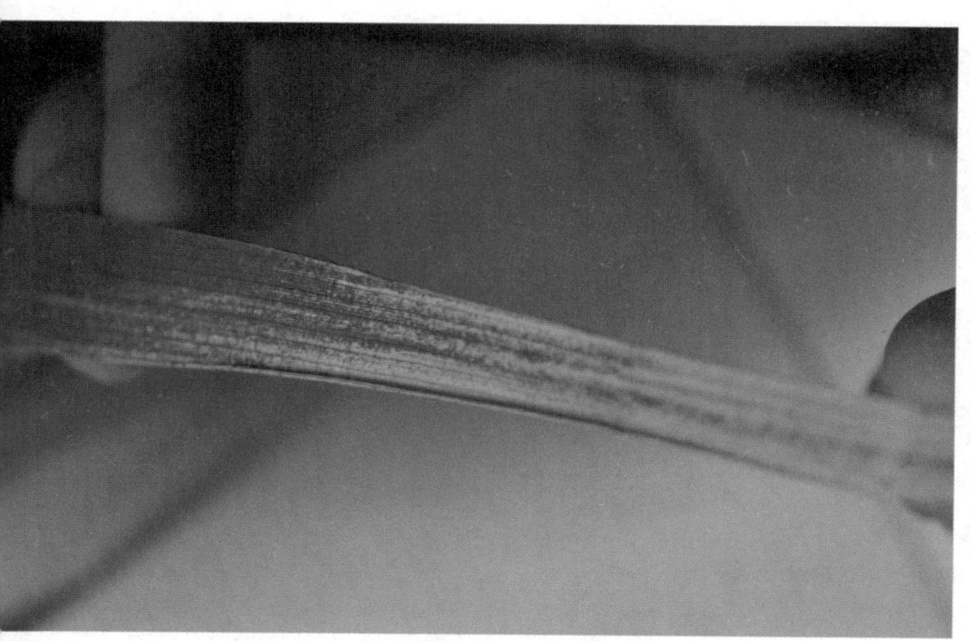

图 1 赤须盲蝽，小麦叶片为害状

棉花等作物。赤须盲蝽还是草原上为害禾本科牧草和饲料作物的主要害虫。

以成虫、若虫刺吸叶片汁液，初呈淡黄色小点，稍后呈白色雪花斑布满叶片（图 1）。严重时造成叶片失水、卷曲，植株生长缓慢，矮小或枯死，近年来在小麦上的为害有加重趋势。在玉米进入穗期还能为害玉米雄穗和花丝。

形态特征

（1）成虫（图 2）：雄性体长 5 ~ 5.5mm，雌性体长 5.5 ~ 6.0mm。全身绿色或黄绿色。头部略呈三角形，顶端向前突出，头顶中央有一纵沟，前伸不达顶端。触角细长，分 4 节，等于或略短于体长，第 1 节短而粗，上有短的黄色细毛，第 2、第 3 节细长，第 4 节最短。触角红色，故称赤须盲蝽。前胸背板梯形，前缘低平，两侧向下弯曲，后缘两侧较薄；近前端两侧有两个黄色或黄褐色较低平的胝。小盾片三角形，基部不被前胸背板后缘所覆盖。前翅革质部与体色相同，膜质部透明，后翅白色透明。足黄绿色，胫节末端及跗节黑色。

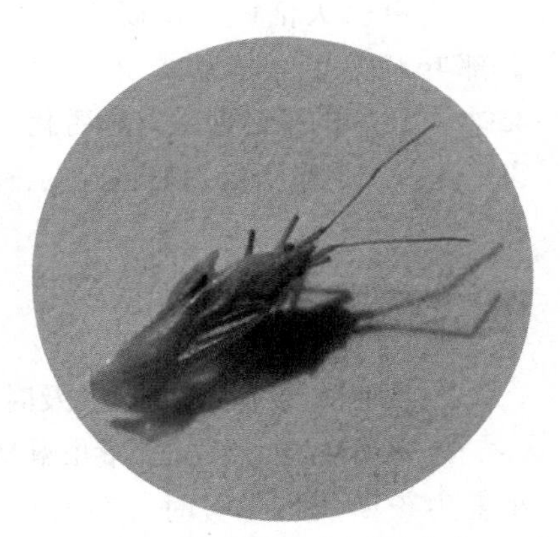

图 2　赤须盲蝽，成虫触角红色

（2）卵：口袋状，长约 1.0mm，卵盖上有不规则的突起。初产时白色透明，临孵化时黄褐色。

（3）若虫：共 5 龄。1 ~ 2 龄无翅芽，3 龄翅芽长度不达腹部第 1 节，4 龄翅芽长度不超过腹部 2 节，5 龄翅芽长度超过腹部第 2 节，全身黄绿色，触角红色。

发生规律

华北地区1年发生3代，以卵越冬。第1代发生于5月，第2代发生于6月，第3代发生于7月中下旬至8月上中旬。9月雌虫在杂草茎叶组织内产卵越冬。

内蒙古1年发生3代，以卵在禾草茎叶上越冬。第1代发生于5月至6月上旬，第2代发生于5月下旬至6月下旬或7月上旬，第3代发生于7月上旬至8月上中旬。

成虫白天活跃，傍晚和清晨不甚活动，阴雨天隐蔽在植物中下部叶片背面。卵多产于叶鞘上端，气温20～25℃，相对湿度45%～50%的条件最适宜卵孵化。若虫行动活跃，常群集叶背取食为害。在谷子、糜子乳熟期，成虫、若虫群集穗上，刺吸汁液。

防治措施

1. 农业防治 清洁田园，及时清除作物残茬及杂草，减少越冬卵。

2. 化学防治 用60%吡虫啉悬浮种衣剂20mL，拌小麦种子10kg。小麦生长期发现为害时，在低龄若虫期用4.5%高效氯氰菊酯乳油1 000倍液加10%吡虫啉可湿性粉剂1 000倍液，或3%啶虫脒1 500倍液喷雾防治。

十七、小麦皮蓟马

分布与为害

小麦皮蓟马又名小麦管蓟马、麦简管蓟马，是小麦上的重要害虫，主要分布在新疆、甘肃、内蒙古、黑龙江、天津、河南等省（市、区）。以成、若虫为害小麦花器，乳熟灌浆期吸食麦粒浆液，致麦粒灌浆不饱满或麦粒空秕。还可为害小穗的护颖和外颖，造成颖片皱缩、枯萎、发黄，易遭病菌侵染霉烂。

形态特征

成虫黑褐色，体长1.5～2mm，翅2对，边缘均有长缨毛，腹部末端延长成管状，叫作尾管（图1）。卵乳黄色，长椭圆形。若虫无翅，初孵淡黄色，后变橙红色，触角及尾管黑色。前蛹及伪蛹体长均比若虫短，淡红色。

图1　小麦皮蓟马，成虫的尾管和尾毛

发生规律

小麦皮蓟马 1 年发生 1 代，以若虫在麦茬、麦根及晒场地下 10cm 左右的土壤中越冬。日平均温度 8℃时开始活动，化蛹、羽化，大批成虫飞至麦株，在上部叶片内侧、叶耳、叶舌处吸食液汁，逐渐从旗叶叶鞘顶部或叶鞘裂缝处侵入尚未抽出的麦穗，破坏花器，一旗叶内有时可群集数十至数百头成虫，当麦穗抽出后，成虫又飞至未抽出及半抽出的麦穗内为害。成虫羽化后 7 ~ 15d 开始产卵，多产在麦穗上的小穗基部和护颖的尖端内侧。若虫在小麦灌浆期为害最盛，麦收前陆续离开麦穗停止为害。

小麦皮蓟马的发生程度与前作及邻作有关，凡连作麦田或邻作也是麦田，发生重。小麦抽穗期越晚为害越重，反之则轻。一般早熟品种受害比晚熟品种轻，春麦比冬麦受害重。

防治措施

1. 农业防治 合理轮作倒茬。适时早播，以避开为害盛期。秋后及时进行深耕，压低越冬虫源。清除晒场周围杂草，破坏越冬场所。

2. 化学防治 小麦孕穗期是防治成虫的关键时期，抽穗扬花期是防治初孵若虫的关键时期。用 10% 吡虫啉可湿性粉剂 1 500 倍液，或 45%毒死蜱乳油 1 000 ~ 1 500 倍液喷雾防治。

十八、白蚁

分布与为害

白蚁又名大水蚁，是一种世界性害虫，我国为害农作物的以黑翅土白蚁最为常见，分布于黄河、长江以南各省（区）。可为害小麦、玉米、水稻、花生、棉花等多种农作物。为害小麦时多从根茎部咬断或将根系吃光，麦苗被害后叶片发黄枯萎，抽穗扬花后被害植株叶片枯黄，形成枯白穗，造成穗粒霉烂（图 1 ～ 3）。

图 1　白蚁麦田为害状，造成白穗

图2　白蚁为害小麦茎秆

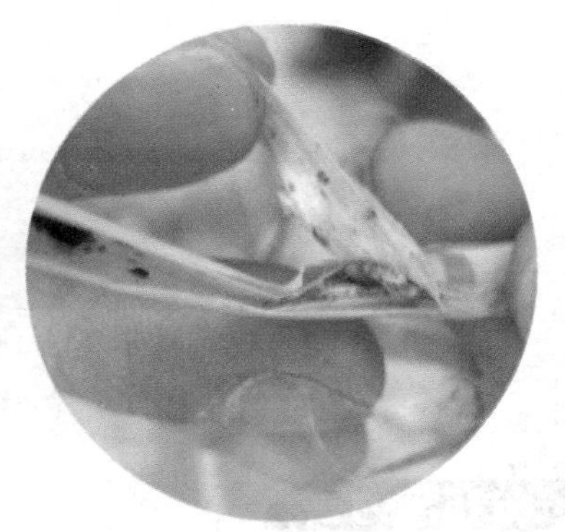

图3　小麦茎秆里的白蚁及其排泄物

形态特征

1. 成蚁　有翅繁殖蚁，体长 12 ~ 16mm，全体呈棕褐色；翅展 23 ~ 25mm，黑褐色；触角 11 节；前胸背板后缘中央向前凹入，中央有一淡色“十”字形黄色斑，两侧各有一个圆形或椭圆形淡色点，其后有一小而带分支的淡色点。

（1）蚁王：为雄性有翅繁殖蚁发育而成，体较大，翅易脱落，体壁较硬，体略有收缩。

（2）蚁后：为雌性有翅繁殖蚁发育而成，体长 70 ~ 80mm，体宽 13 ~ 15mm。无翅，色较深，体壁较硬，腹部特别大，白色腹部上呈现褐色斑块。

（3）兵蚁：体长 5 ~ 6mm；头部深黄色，胸、腹部淡黄色至灰白色，头部发达，背面呈卵形，长大于宽；复眼退化；触角 16 ~ 17 节；上颚镰刀形，在上颚中部前方，有一明显的刺。前胸背板元宝状，前窄后宽，前部斜翘起。前、后缘中央皆有凹刻。兵蚁有雌雄之别，但无生殖能力。

（4）工蚁：体长 4.6 ~ 6.0mm，头部黄色，近圆形。胸、腹部灰白色；头顶中央有一圆形下凹的肉；后唇基显著隆起，中央有缝。

2. 卵 长椭圆形，长约0.8mm，乳白色，一边较为平直。

发生规律

黑翅土白蚁有翅成蚁一般叫作繁殖蚁。每年3月开始出现在巢内，4～6月在靠近蚁巢地面出现羽化孔，羽化孔突圆锥状，数量很多。在闷热天气或雨前傍晚7时左右，爬出羽化孔穴，群飞天空，称为“婚飞”，配对后停下脱翅求偶，成对钻入地下建筑新巢，成为新的蚁王、蚁后，繁殖后代。繁殖蚁从幼蚁初具翅芽至羽化共7龄，同一巢内龄期极不整齐。兵蚁专门保卫蚁巢，工蚁担负筑巢、采食和抚育幼蚁等工作。蚁巢位于地下0.3～2.0m处，新巢仅是一个小腔，3个月后出现菌圃，状如面包。在新巢的成长过程中，不断发生结构上和位置上的变化，蚁巢腔室由小到大，由少到多，个体数目达200万以上。黑翅土白蚁具有群栖性，无翅蚁有避光性，有翅蚁有趋光性。

在四川，白蚁为害分为两个时期，第一个从播种后开始，到3～4叶期达到高峰，5叶期基本结束；第二个从小麦孕穗期开始，到抽穗扬花期达到高峰，一直延续到小麦收获。白蚁活动与气温密切相关，在第一个为害期，旬温低于10℃停止地面活动，在第二个为害期，气温达到10℃以上开始出土为害，旬温达到15℃左右形成高峰。白蚁多发生在丘陵、半山区靠山坡的麦田，阳坡重于阴坡，新垦荒地、与森林相邻的麦田发生重，带酸性的沙砾土和黏土发生重。

防治措施

1. 农业防治 播种前深翻土壤，破坏新建群体，阻断白蚁取食隧道。安装黑光灯、频振式杀虫灯诱杀白蚁有翅成虫。发动群众在长鸡枞菌的地方挖掘白蚁主巢。

2. 化学防治

（1）在麦田靠山坡、森林一侧，埋设诱杀坑或设置灭蚁药剂，阻断白蚁向麦田扩展。

（2）发现蚁路和分群孔，可用70%灭蚁灵粉剂喷施蚁体灭蚁。

（3）在被害植株基部附近，用45%毒死蜱乳油1 000倍液喷施或灌浇，杀灭白蚁。

十九、灰飞虱

分布与为害

灰飞虱是小麦上的主要害虫，除为害小麦外，还可为害水稻、玉米、稗、草坪禾草等多种植物，广泛分布于我国小麦产区，以长江中下游和华北地区发生较多。成、若虫均以口器刺吸小麦、水稻汁液为害，造成植株枯黄，排泄的蜜露易诱发煤污病。另外，灰飞虱是多种农作物病毒病的传毒介体。

形态特征

（1）成虫（图 1）：长翅型雄虫体长 3.5mm，雌虫体长 4.0mm；短翅型雄虫体长 2.3mm，雌虫体长 2.5mm。雄虫头顶与前胸背板黄色，雌虫则中部淡黄色，两侧暗褐色。前翅近于透明，具翅斑。胸、腹部腹面雄虫为黑褐色，雌虫为黄褐色，足皆淡褐色。

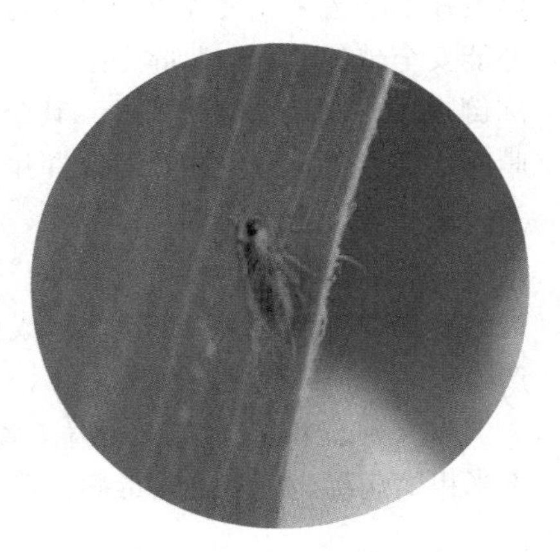

图 1　灰飞虱成虫

（2）若虫：共 5 龄。1 龄乳白色至淡黄色，胸部各节背面沿正中有纵行白色部分；2 龄黄白色，胸部各节背面为灰色，正中纵行的白色部分较1龄明显；3龄灰褐色，胸部各节背面灰色增浓，正中线中央白色部分不明显，前、后翅芽开始呈现；4龄灰褐色，前翅翅芽达腹部第1节，后胸翅芽达腹部第3节，胸部正中的白色部分消失；5龄灰褐色增浓，中胸翅芽达腹部第3节后缘并覆盖后翅，后胸翅芽达腹部第2节，腹部各节分界明显，腹节间有白色的细环圈。越冬若虫体色较深。

（3）卵：呈长椭圆形，稍弯曲，长1.0mm，前端较细于后端，初产乳白色，后期淡黄色。

发生规律

在北方地区1年发生4 ~ 5代。华北地区越冬若虫于4月中旬至5月中旬羽化，第1代若虫5月下旬至6月中旬羽化，第2代若虫于6月下旬至7月下旬羽化，第3代于7月至8月上中旬羽化，第4代若虫9月上旬至10月上旬羽化，有部分则以3龄或4龄若虫进入越冬状态，第5代若虫在10月上旬至11月下旬进入越冬期。

灰飞虱耐低温能力较强，对高温适应性较差，其生长发育的适宜温度在28℃左右，冬季低温对其越冬若虫影响不大，在辽宁盘锦地区亦能安全越冬，不会大量死亡，在–3℃且持续时间较长时才产生麻痹冻倒现象，但除部分致死外，其余仍能复苏。当气温超过2℃无风天晴时，又能爬至寄主茎叶部取食并继续发育。冬暖、春秋季气温偏高为害重。

在田间喜通透性良好的环境，栖息于植株的较高部位，并常向田边移动集中，因此田边虫量多。成虫喜在生长嫩绿、高大茂密的地块产卵。

灰飞虱能传播小麦丛矮病、水稻条纹叶枯病、水稻黑条矮缩病、玉米粗缩病毒病等多种病毒病，造成的危害远远大于直接吸食作物汁液。

防治措施

1. 农业防治 选用抗（耐）虫品种，科学肥水管理，提高作物抗虫能力。

2. 化学防治 用 60% 吡虫啉悬浮种衣剂 20mL，拌小麦种子 10kg。也可用 10% 吡虫啉可湿性粉剂 1 000 倍液，或 48% 毒死蜱乳油 1 000 倍液，或 5% 啶虫脒可湿性粉剂 1 000 ～ 1 500 倍液喷雾防治。

二十、麦拟根蚜

分布与为害

麦拟根蚜是为害小麦根部的偶发性害虫，该虫分布于欧洲，在亚洲仅伊朗、朝鲜、中国有分布，我国分布于山东、河北、河南、陕西、甘肃、云南各省。除为害小麦外，还可为害玉米、高粱、大豆、陆稻及稗、马唐草、狗尾草、虎尾草、蟋蟀草等多种杂草。在小麦上集中在根部为害，吸食根部汁液，造成小麦叶片由基部向上枯黄，受害重者不能抽穗（图 1）。一般减产 5%左右，严重的可减产 30% ~ 40%。

图 1　麦拟根蚜大田为害状

形态特征

无翅孤生雌蚜淡黄色，扁卵圆形，长 3.5mm，背表皮有细网纹。体背短尖毛多。复眼多而小，有眼瘤。缺腹管。少数绿色圆球形，体长约 1.7mm。有翅孤生雌蚜体长 2.8mm，背表皮细网纹明显。触角长 1.1mm，前翅两肘脉共柄，中脉不分叉（图 2 ～ 4）。

图 2　麦拟根蚜，淡黄色若蚜和小麦根部为害状（1）

图 3　麦拟根蚜，淡黄色若蚜和小麦根部为害状（2）

图 4　麦拟根蚜，绿色若蚜和小麦根部为害状（3）

发生规律

麦拟根蚜在山东 1 年发生 9 代，麦田中 3 月中旬始见，5 月为盛发期，6 月下旬随麦收和麦根部干枯，转移至玉米或杂草根部寄生。

麦拟根蚜营不全周期生活，以成蚜、若蚜隐藏于杂草根下

10 ~ 20cm 深蚁穴中，与蚂蚁共生度夏；秋季寄生于杂草根部，深秋转移至麦苗根部，封冻前潜入田头地边 20 ~ 80cm 深蚁室，与蚁共生越冬。有翅蚜有两个高峰期，即 6 月上中旬和秋末。

该虫与蚁共生，在土中扩散及越冬、越夏都必须有蚁的参与才能完成（图 5、图 6）。

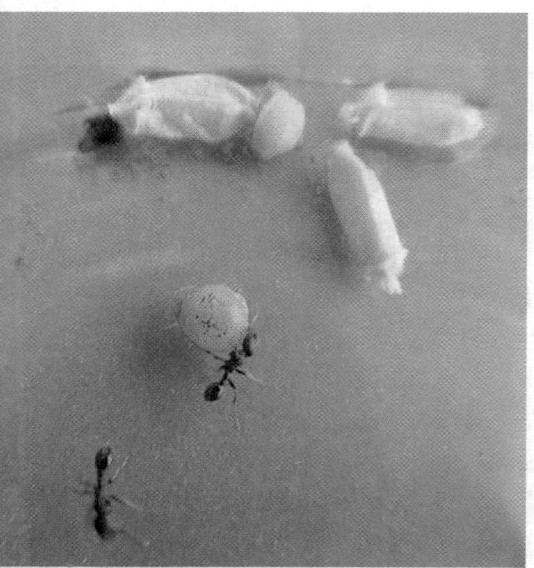

图 5　草地蚁搬运转移麦拟根蚜

图 6　麦拟根蚜与其共生的草地蚁

防治措施

1. 农业防治　清洁田园，清除田间地头杂草，作物收获后及时深翻土壤，破坏麦拟根蚜的生存环境。精耕细作，合理灌水施肥，提高作物抗虫能力。

2. 化学防治　用 60% 吡虫啉悬浮种衣剂 20mL，拌小麦种子 10kg。也可用 48% 毒死蜱乳油 1 000 倍液灌根，杀灭根部寄生的蚜虫。

二十一、麦凹茎跳甲

分布与为害

麦凹茎跳甲是粟凹茎跳甲近似种。在国内分布北起黑龙江、内蒙古，南限稍过长江，最南至浙江金华、江西临川，东邻国境线，西至陕西、甘肃、青海一带。除为害小麦外，还可为害粟、糜子、高粱、水稻等作物。以幼虫和成虫为害刚出土的幼苗，由茎基部咬孔钻入，造成枯心苗（图1、图2）。幼苗长大，表皮组织变硬时，爬到心叶取食嫩叶,影响正常生长,群众称为“芦蹲”或“坐坡”。成虫为害，

图1　麦凹茎跳甲幼虫和小麦被害状

则取食幼苗叶子的表皮组织，把叶子吃成条纹、白色透明状，甚至造成叶子干枯死掉。发生严重的年份，常造成缺苗断垄，甚至毁种。

图2　麦凹茎跳甲幼虫和小麦被害状

形态特征

（1）成虫：体长 2.5 ~ 3mm，宽 1.5mm。体椭圆形，蓝绿色至青铜色，具金属光泽。头部密布刻点，漆黑色。触角 11 节，第 3 节长于第 2 节，短于第 4、第 5 节。前胸背板拱凸，其上密布刻点。鞘翅上有由刻点整齐排列而成的纵线。腹部腹面金褐色，可见 5 节，具有粗刻点。

（2）卵：长 0.75mm，长椭圆形，米黄色。

（3）幼虫：末龄幼虫体长 5 ~ 6mm，圆筒形。头、前胸背板黑色。胸部、腹部白色，体面具椭圆形褐色斑点。胸足 3 对，黑褐色。

（4）裸蛹：长 3mm 左右，椭圆形，乳白色。

发生规律

吉林1年发生1代，内蒙古、山西、宁夏1年发生2代，河北、河南1年发生2～3代。以成虫在表土层或杂草根际1.5cm处越冬。成虫活跃，白天活动，中午烈日或阴雨天气多潜伏在叶背或叶鞘及土块下，喜食谷子、糜子叶面的叶肉，仅残留表皮，形成白色纵纹，严重的致叶片纵裂或干枯。多产卵于幼苗根际表土中，初孵幼虫喜食幼苗，自茎基部蛀入为害，受害幼苗心叶萎蔫，形成枯心苗。幼虫共3龄，老熟幼虫从幼苗近地表处咬孔钻出，钻入地下2～5cm深土中做土室化蛹。气候干旱少雨的年份、早播、重茬田块受害重。

防治措施

1. 农业防治 适期迟播，及时清除受害幼虫。

2. 化学防治 用60%吡虫啉悬浮种衣剂20mL，拌小麦种子10kg。或用48%毒死蜱乳油1 000倍液灌根。

二十二、麦茎蜂

分布与为害

麦茎蜂又名烟翅麦茎蜂、乌翅麦茎蜂，是小麦上的主要害虫。国内各地均有分布，以青海、甘肃、陕西、山西、河南、湖北为主。以幼虫钻蛀茎秆，向上向下打通茎节，蛀食茎秆后老熟幼虫向下潜到小麦根茎部为害，咬断茎秆或仅留表皮连接，断口整齐（图 1、图 2）。轻者田间出现零星白穗，重者造成全田白穗、局部或全田倒伏，导致小麦籽粒瘪瘦，千粒重大幅下降，损失严重。

图 1　麦茎蜂在小麦茎秆上的蛀孔

图 2　麦茎蜂蛀通小麦茎节

形态特征

（1）成虫：体长 8 ~ 12mm，腹部细长，全体黑色，触角丝状，翅膜质透明，前翅基部黑褐色，翅痣明显。雌蜂腹部第 4、第 6、第 9 节镶有黄色横带，腹部较肥大，尾端有锯齿状的产卵器。雄蜂第 3 ~ 9 节亦生黄带。第 1、第 3、第 5、第 6 腹节腹侧各具 1 个较大的浅绿色斑点，后胸背面具 1 个浅绿色三角形点，腹部细小且粗细一致。

（2）卵：长约 1mm，长椭圆形，白色透明。

（3）幼虫：末龄幼虫体长 8 ~ 12mm，体乳白色，头部浅褐色，胸足退化成小突起，身体多皱褶，臀节延长成几丁质的短管（图 3、图 4）。

（4）蛹：蛹长 10 ~ 12mm，黄白色，近羽化时变成黑色，蛹外被薄茧。

图 3　麦茎蜂幼虫（1）

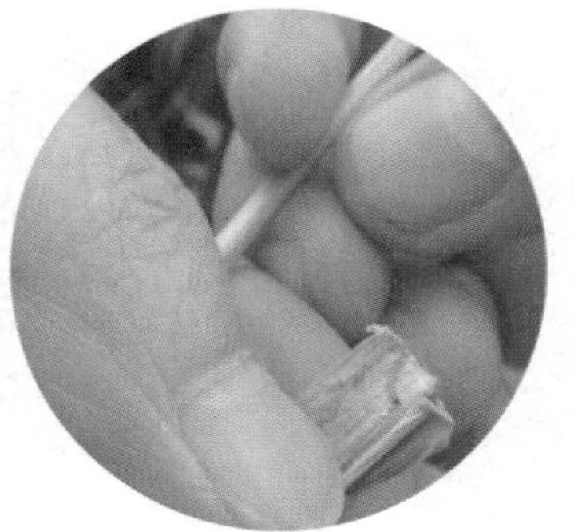

图 4　麦茎蜂幼虫（2）

发生规律

麦茎蜂 1 年发生 1 代，以老熟幼虫在茎基部或根茬中结薄茧越冬。翌年小麦孕穗期陆续化蛹，小麦抽穗前进入羽化高峰。卵多产在茎壁较薄的麦秆里，产卵量 50 ~ 60 粒，产卵部位多在小麦穗下 1 ~ 3 节的组织幼嫩的茎节附近。幼虫孵化后取食茎壁内部，3 龄后进入暴食期，常把茎节咬穿或整个茎秆食空，老熟幼虫逐渐向下蛀食到茎基部，麦穗变白；或将茎秆咬断，仅留表皮，断口整齐，易引起小麦倒伏。幼虫老熟后在根茬中结透明薄茧越冬。

防治措施

1. 农业防治　麦收后及时灭茬，秋收后深翻土壤，破坏该虫的生存环境，减少虫口基数。选育秆壁厚或坚硬的抗虫品种。

2. 化学防治　在成虫羽化初期，每亩用 5% 毒死蜱颗粒剂 1.5 ~ 2kg，拌细土 20kg，均匀撒在地表，杀死羽化出土的成虫。也可在小麦抽穗前，选用 20% 氰戊菊酯乳油 1 500 ~ 2 000 倍液，或 4.5% 高效氯氰菊酯乳油 1 000 倍液，或 45%毒死蜱乳油 1 000 ~ 1 500 倍液，喷雾防治成虫。

二十三、大螟

分布与为害

大螟是以水稻为主的杂食性害虫，除为害水稻外，还可为害小麦、玉米、粟、甘蔗等多种作物及棒头草、野燕麦等杂草。国内大螟为害小麦主要发生在江苏、安徽、河南等省。在小麦上，大螟主要以越冬代和第 1 代幼虫为害，在小麦茎秆上蛀孔后，取食茎秆组织，造成小麦折断或白穗（图 1、图 2）。

图 1　大螟幼虫小麦茎秆为害状

图 2　大螟幼虫为害小麦茎秆后留下的虫粪

形态特征

（1）成虫（图3）：雌蛾体长15mm，翅展约30mm，头部、胸部浅黄褐色，腹部浅黄色至灰白色；触角丝状，前翅近长方形，浅灰褐色，中间具小黑点4个排成四角形。雄蛾体长约12mm，翅展27mm，触角栉齿状。

（2）卵：扁圆形，初白色后变灰黄色，表面具细纵纹和横线，聚生或散生，常排成2～3行。

（3）幼虫：5～7龄，3龄前幼虫鲜黄色，老熟时体长20～30mm，头红褐色，体背面紫红色，无纵线，腹面淡黄色，腹足趾钩半环状（图4）。

（4）蛹：长13～18mm，粗壮，红褐色，腹部具灰白色粉状物，臀棘有3根钩棘（图5）。

图3　大螟成虫

图4　大螟幼虫

图5　大螟蛹

发生规律

大螟在安徽1年发生3 ~ 4代，越冬代成虫4月中下旬始见，在麦类、玉米、田边禾本科杂草等过渡寄主上产卵，5月上中旬孵化为害，6月上旬迁入稻田为害。

大螟在麦田为害时具有趋边性，一般边行被害率较田内高2倍以上。主要以越冬代和第1代幼虫为害小麦，其中越冬代幼虫在小麦基部第1或第2节处蛀孔为害，第1代幼虫多在小麦麦穗下第1节茎秆上蛀孔为害，同一株可见多个蛀孔。

防治措施

大多数麦田不需要对大螟采取针对性措施进行防治，但小麦是大螟向稻田过渡的重要寄主，任其自然发展，会为后茬水稻田积累充足的虫源基数，存在成灾风险。

1. 农业防治　冬、春季节铲除田间路边杂草，杀灭越冬虫蛹；有茭白的地区要在早春前齐泥割去残株。

2. 化学防治　虫量大的时候，每亩选用18%杀虫双水剂250mL，或90%杀螟丹可溶性粉剂150 ~ 200g，对水喷雾防治。

二十四、袋蛾

分布与为害

袋蛾又名蓑蛾、避债蛾，以大袋蛾最为常见，分布于云南、贵州、四川、湖北、湖南、广东、广西、台湾、福建、江西、浙江、江苏、安徽、河南、山东等省（区）。主要为害法桐、枫杨、柳树、榆树、槐树、茶树、栎树、梨树等多种林木、果树。以蔷薇科、豆科、杨柳科、胡桃科及悬铃木科植物受害最重。偶尔也为害小麦（图1～3）、玉米、

图1　袋蛾麦田为害状

棉花等农作物。幼虫取食树叶、嫩枝及幼果，大发生时可将全部树叶吃光，是灾害性害虫。

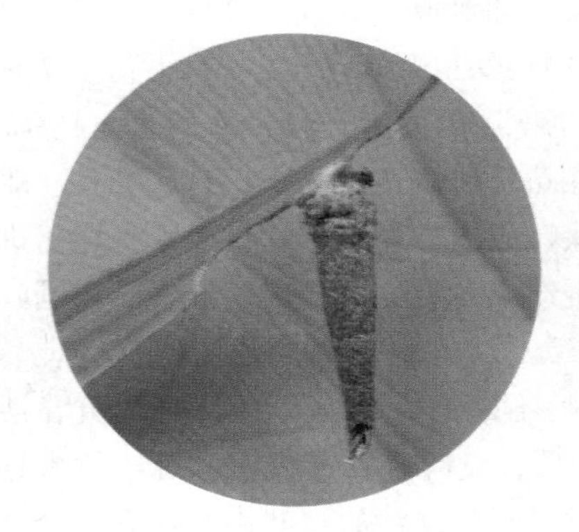

图2　袋蛾在小麦叶片上的为害状及袋囊（1）

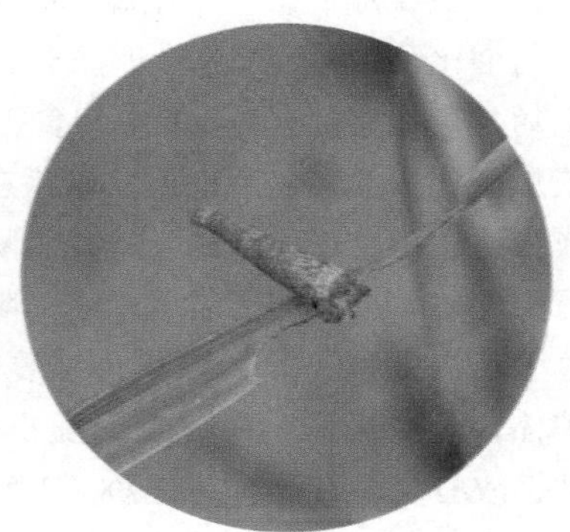

图3　袋蛾在小麦叶片上的为害状及袋囊（2）

形态特征

（1）成虫：雌雄异形。雌成虫无翅，乳白色，肥胖呈蛆状，头小、黑色、圆形，触角退化为短刺状，棕褐色，口器退化，胸足短小，腹部8节均有黄色硬皮板，节间生黄色鳞状细毛。雄虫有翅，翅展26～33mm，体黑褐色，触角羽状，前、后翅均有褐色鳞毛，前翅有4～5个透明斑。

（2）卵：椭圆形，淡黄色。

（3）幼虫：雌幼虫较肥大，黑褐色，胸足发达，胸背板角质，污白色，中部有两条明显的棕色斑纹；雄幼虫较瘦小，色较淡，呈黄褐色。

（4）蛹：雌蛹黑褐色，长22～33mm，无触角及翅；雄蛹黄褐色，细长，17～20mm，前翅、触角、口器均很明显。

发生规律

在河南、江苏、浙江、安徽、江西、湖北等地1年发生1代，南京和南昌1年发生1～2代，广州1年发生2代。

以老熟幼虫在袋囊中挂在树枝梢或农作物枝叶上越冬。在郑州地区，翌年4月中下旬幼虫恢复活动，但不取食。雄虫5月中旬开始化蛹，雌虫5月下旬开始化蛹，雄成虫和雌成虫分别于5月下旬及6月上旬羽化，并开始交尾产卵。6月中旬幼虫开始孵化，6月下旬至7月上旬为孵化盛期，8月上中旬食害剧烈，9月上旬幼虫开始老熟越冬。成虫羽化一般在傍晚前后，雄蛾在黄昏时刻比较活跃，有趋光性。雌成虫终生栖息于袋囊中，雄成虫从雌成虫袋囊下端孔口伸入交尾器进行交配。雌虫产卵于袋囊中。初孵幼虫自袋囊中爬出，群集于周围叶片上，后吐丝下垂，顺风传播蔓延。以丝撮叶或少量枝梗营造袋囊护体，幼虫隐匿囊中，袋囊随虫龄不断增大，取食迁移时均负囊活动，故有袋蛾和避债蛾之称。3龄后，食叶穿孔或仅留叶脉。幼虫昼夜取食，以夜晚食害最凶，严重时可听到沙沙的食叶声。在安徽合肥各虫态历期为卵期17 ~ 22d，幼虫期210 ~ 240d，雌蛹期12d，雄蛹期24 ~ 33d，雌成虫寿命12 ~ 19d，雄成虫寿命2 ~ 3d。在江西南昌，卵期平均21.5d，雌幼虫发育期320d，雄幼虫发育期300d；雌蛹期17d，雄蛹期40.7d，雌成虫寿命14d，雄成虫寿命4.7d。该虫一般在干旱年份最易猖獗成灾，6 ~ 8月总降水偏少易大量发生。

防治措施

小麦上一般不需要对其进行针对性防治。林木及果树易成灾，需重点防治。

1. 农业防治　秋、冬季树木落叶后，摘除越冬袋囊，集中烧毁。

2. 化学防治

（1）幼虫孵化后，用90%敌百虫1 000倍液，或80%敌敌畏乳油800倍液，或40%氧化乐果1 000倍液，或25%杀虫双500倍液喷洒。

（2）在幼虫孵化高峰期或幼虫为害盛期，用每毫升含1亿孢子的苏云金杆菌溶液喷洒。也可用25%灭幼脲500倍液，或1.8%阿维菌素乳油2 000 ~ 3 000倍液，或0.3%苦参碱可溶性液剂1 000 ~ 1 500倍液，喷雾防治。

二十五、蒙古灰象甲

分布与为害

蒙古灰象甲又名蒙古象鼻虫、蒙古土象，分布于东北、华北、西北、华东，特别是内蒙古、江苏等地。除为害棉花、麻、谷子外，还可为害小麦、玉米、高粱、花生、大豆、莙荙菜、甜菜、瓜类、向日葵、烟草、桑树、茶树及果树幼苗等。成虫为害子叶和心叶可造成孔洞、缺刻等症状（图 1、图 2），还可咬断嫩芽和嫩茎；也可为害生长点及子叶，使苗不能发育，严重时成片死苗，需毁种。

图 1　蒙古灰象甲在小麦叶片上的为害状（1）

图 2　蒙古灰象甲在小麦叶片上的为害状（2）

形态特征

（1）成虫（图3）：体长4.4 ~ 6.0mm，宽2.3 ~ 3.1mm，卵圆形，体灰色，密被灰褐色鳞片，鳞片在前胸形成相间的3条褐色、2条白色纵带，内肩和翅面上具白斑，头部呈光亮的铜色，鞘翅上生10个纵列刻点。头喙短扁，中间细，触角红褐色膝状，棒状部长卵形，末端尖，前胸长大于宽，后缘有边，两侧圆鼓，鞘翅明显宽于前胸。

（2）卵：长0.9mm，宽0.5mm，长椭圆形，初产时乳白色，24h后变为暗黑色。

（3）幼虫：体长6 ~ 9mm，体乳白色，无足。

（4）裸蛹：长5.5mm，乳黄色，复眼灰色。

图3 蒙古灰象甲成虫

发生规律

内蒙古，东北、华北2年1代，黄淮海地区1 ~ 1.5年1代。以成虫或幼虫在土中越冬。翌年春季均温近10℃时开始出土，成虫白天活动，具假死性，受惊扰假死落地；夜晚和阴雨天很少活动，多潜伏在枝叶间和作物根际土缝中。棉花、烟草及桑树、茶树、枣树的幼苗和幼树受害重。

成虫经一段时间取食后，开始交尾产卵。一般5月开始产卵，多成块产于表土中。5月下旬幼虫开始孵化，幼虫生活于土中，为害植物根部组织，至9月末筑土室于内越冬。翌年春季继续活动为害，至6月中旬开始老熟，筑土室于内化蛹。7月上旬开始羽化，不出土即在蛹室内越冬，第3年4月出土。常与大灰象甲混生。

防治措施

1. 农业防治　在受害重的田块四周挖封锁沟，沟宽、深各40cm，内放新鲜或腐败的杂草诱集成虫集中杀死。

2. 化学防治　成虫出土为害期，用45%毒死蜱乳油1 000倍液，或50%辛氰乳油2 000 ~ 3 000倍液，喷洒或浇灌。

二十六、甘蓝夜蛾

分布与为害

甘蓝夜蛾别名甘蓝夜盗虫、菜夜蛾，是一种杂食性害虫。可为害大田作物、蔬菜、果树等多种植物。在昆虫分类中属于鳞翅目的夜蛾科。以幼虫为害作物的叶片，初孵幼虫常聚集在叶背面，白天不动，夜晚活动啃食叶片，而残留下表皮，4 龄以后白天潜伏在叶片下或菜心、地表、根周围的土壤中，夜间出来活动，形成暴食。严重时，往往能把叶肉吃光，仅剩叶脉和叶柄。吃完一处再成群结队迁移为害，包心菜类常常有幼虫钻入叶球并留下粪便，污染叶球，并易引起腐烂，损失很大。

形态特征

（1）成虫：体长 10 ~ 25mm。体、翅灰褐色，复眼黑紫色，前足胫节末端有巨爪。前翅中央位于前缘附近内侧有一灰黑色环状纹，肾状纹灰白色。后翅灰白色，外缘一半黑褐色。

（2）卵：半球形，上有放射状的三序纵棱。初产时黄白色，孵化前变紫黑色。

（3）幼虫：老熟幼虫（图 1）

图 1　甘蓝夜蛾幼虫为害小麦叶片

头部黄褐色，胸、腹部背面黑褐色，背线和亚背线为白色点状细线，各节背面中央两侧沿亚背线内侧有黑色条纹，似倒“八”字形。气门线及气门下线成一灰白色宽带。第1、2龄幼虫缺前2对腹足，行走似尺蠖。

（4）蛹：赤褐色或深褐色，背部中央有1条深色纵带，臀棘较长，具2根长刺，刺端呈球状。

发生规律

甘蓝夜蛾在西藏1年发生1代，甘肃（酒泉）1年发生1～2代，东北、西北1年发生2代，辽宁（兴城）、华北、华中、华东1年发生2～3代，四川（重庆）、湖南、陕西（泾惠）1年发生3～4代。各地均以蛹在土中滞育越冬。越冬蛹多在寄主植物本田、田边杂草或田埂下，翌年春季3～6月，当气温上升至15～16℃时成虫羽化出土，多不整齐，羽化期较长。成虫昼伏夜出，以上半夜为活动高峰，成虫具趋化性，对糖蜜趋性强，趋光性不强。卵多产于生长茂盛、叶色浓绿的植物上。卵单层成块，位于中、下部叶背，每块60～150粒。卵发育适温23.5～26.5℃，历期4～5d，3龄后分散为害，食叶片成孔洞。4龄后，白天藏于叶背、心叶或寄主根部附近表土中，夜间出来取食，但在植物密度大时，白天也不隐藏。3龄后蛀入甘蓝、白菜叶球为害。4龄后食量增多，以6龄食量最大，占总食量的80%，为害最重。幼虫发育最适温度20～24.5℃，历期20～30d。幼虫老熟后潜入6～10cm表土内作土茧化蛹，蛹期一般为10d，越夏蛹期约2个月，越冬蛹可达半年以上。

甘蓝夜蛾喜温暖和偏高湿的气候，日均温度18～25℃、相对湿度70%～80%有利于生长发育，温度低于15℃或高于30℃，相对湿度低于65%或高于85%则不利于发生，甘蓝夜蛾是一种间歇性局部大发生的害虫，一年内常在春、秋季暴发成灾。

防治措施

1. 农业防治

（1）清洁田园：菜田收获后进行秋耕或冬耕深翻，铲除杂草可消灭部分越冬蛹，结合农事操作，及时摘除卵块及初龄幼虫聚集的叶片，集中处理。

（2）诱杀成虫：利用成虫的趋化性，在羽化期设置糖醋盆诱杀成虫。

（3）生物防治：在幼虫3龄前喷施Bt悬浮剂、Bt可湿性粉剂等，也可在卵期人工释放赤眼蜂。

2. 化学防治 在幼虫3龄前用5%甲威盐乳油3 000倍液，或45%毒死蜱乳油1 000倍液，或15%甲威·毒死蜱乳油1 000倍液，喷雾防治。

第三部分 小麦冻害

症状

小麦冻害是指麦田经历连续低温或短时极端低温天气而导致的小麦生长停滞。发生冻害较轻的麦田，一般表现为叶片或叶尖呈现出水烫样硬脆（图 1），小麦主茎及大分蘖虽仍能抽穗和结实，但抽出

图 1 小麦受冻叶片水烫样硬脆

的麦穗部分小穗死亡，穗粒数明显减少。冻害较重的麦田，除叶片或叶尖受冻青枯外，小麦主茎及大分蘖的幼穗大部分死亡，即便能抽出穗，也仅剩穗轴，穗数和穗粒数都明显减少，对小麦产量影响极大（图 2 ~ 5）。

图 2 小麦冻害，叶尖干枯

小麦生长的各个时期发生的冻害表现和影响程度有差别。

图3　小麦受冻后叶片大量死亡，生长点受害

图4　小麦受冻后幼穗停止分化并死亡

图5　小麦受冻后叶片干枯死亡

越冬期间因持续低温，在弱苗田、旺长田也能发生冻害，主要表现为叶尖或部分叶片发黄，通常对小麦影响较小。返青至拔节期间因小麦已经开始生长发育，遭遇寒流时发生的早春冻害对小麦影响较大，轻者表现为叶尖褪绿、发黄，叶片扭曲、皱缩、卷起（图6）；重者，尤其是心叶冻干 1cm 以上时，易造成幼穗死亡，或影响穗轴伸长，形成“大头穗”（图7）。小麦拔节至抽穗期间，因小麦已进入旺盛生长期，抗寒力很弱，对低温极为敏感，一旦遭遇气温突然下降，极易形成晚霜冻冻害，也是损失最大的冻害类型。晚霜冻发生后，一般外部症状不明显，主要是主茎和大分蘖幼穗受冻，最后表现为幼穗

干死于旗叶叶鞘内而不能抽出，或抽出的小穗全部发白枯死，部分小穗死亡形成半截穗（残穗），冻害严重时小麦茎秆也会受冻死亡（图 8 ~ 13）。

图 6　小麦受冻后叶片扭曲、皱缩

在冻害防范上，可以采取选用适宜品种、适期适量播种、加强管理等措施，提高小麦抗逆能力。低温来临前，采取喷洒植物调节剂、烟熏等措施，避免或减轻冻害。发生冻害后，及时采取灌水、追肥等措施，以缓解冻害。尤其是干旱年份发生晚霜冻后，要及时浇透水，并补施氮肥，促进小麦快速恢复生长。

图 7　小麦受冻后形成“大头穗”

图 8　小麦受冻害不能抽穗

图 9　小麦受冻后麦穗上部小穗死亡

图 10　小麦受冻后麦穗下部小穗死亡

图 11　小麦小穗受冻全部死亡

图 12　小麦受冻后麦穗多种受害症状

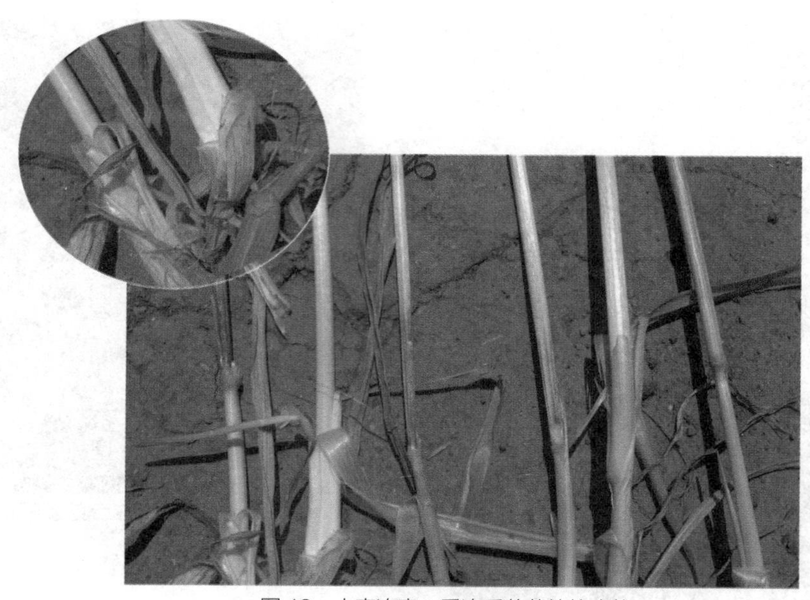

图 13　小麦冻害，受冻后茎节处的症状

补救措施

1. 肥力较差的田块在土壤解冻后，每亩以沟施方式追施尿素 5kg ＋磷酸二铵 2kg，增加营养。

2. 在小麦返青拔节期，结合浇拔节水每亩追施尿素 10kg ＋喷施 400g 磷酸二氢钾。

3. 早春及早划锄，提高地温，促进麦苗返青，提高分蘖抽穗率。

4. 加强中后期肥水管理，防止早衰。

第四部分 小麦药害

症状

小麦药害是指在防治小麦病虫草害过程中，因选用农药种类不对路，或者使用计量、使用时期、使用方法不科学，或者因误用农药及农药泄漏，引起的植物生长发育异常。

药害症状表现为发芽率降低，出苗推迟，叶片或叶尖发黄（图1、图2），叶片皱缩、扭曲，生长受到抑制（图3、图4），不能正常抽穗或抽出畸形穗，部分小穗或全部不结实（图5 ~ 11）。同时，有些则是因误用药剂（图12、图13），施药器械清洗不彻底（图14 ~ 16），发生农药泄漏事故等造成药害（图17、图18）。

小麦发生药害后，症状表现通常比较一致，在田间分布均匀，施药区和非施药区界限明显。同时，在田间受害症状没有发病中心，不具有向周围传染扩散特征。发生药害通常可以采取喷灌水排毒、补肥促发、施药解毒等措施，尽可能减轻药害程度。

图1 施药人员沿垄左右喷雾，造成中间着药量过大，小麦叶片发黄

图 2　施药人员沿垄左右喷雾，造成着药量过大，发生轻微药害

图 3　苯磺隆施用量过大小麦产生的药害

图 4　苯磺隆施用量过大小麦产生的药害

图 5　后期喷施 2，4-滴丁酯小麦引起的药害，小麦贪青不灌浆

图 6　后期喷施 2，4-滴丁酯小麦引起的药害，小麦贪青不灌浆，右侧为正常小麦，界限明显

图 7　小麦药害，后期使用 2，4-滴丁酯麦穗贪青瘦长，不灌浆

图 8　后期使用 2，4-滴丁酯造成小麦不灌浆

图 9　后期使用 2，4-滴丁酯造成小麦不灌浆

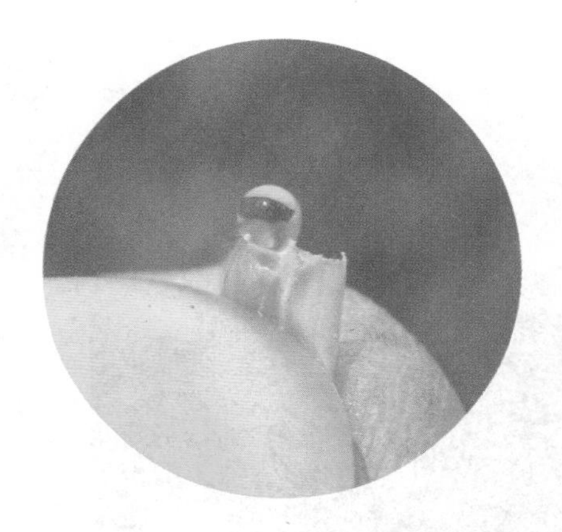

图 10　后期使用 2，4-滴丁酯造成小麦籽粒不灌浆，里面充满清水

图 11　二甲四氯钠盐造成小麦穗部畸形

图 12　麦田误用草甘膦产生的药害（1）

图 13　麦田误用草甘膦产生的药害（2）

图 14　施药器械未清洗，麦田产生的药害（1）

图 15　施药器械未清洗，麦田产生的药害（2）

图 16　施药器械未清洗，麦田产生的药害（3）

图 17　农药企业产品乙莠泄露进入麦田，产生的药害（1）

图 18　农药企业产品乙莠泄露进入麦田，产生的药害（2）

补救措施

1. 因除草剂本身特性引起的药害，如溴苯腈在低温情况下用于小麦田，会出现部分小麦叶片枯死，气温回升后会逐渐恢复生长，对小麦影响不重。氟唑草酯用于小麦，小麦叶片易出现褐色斑点，在正常剂量下对小麦生长发育没有影响。这类除草剂药害对作物生长和产量没有影响，生产中应加强肥水管理，促进生长。

2. 速效性除草剂误用引起的药害，通常在短时间内即造成小麦死亡，生产上无补救措施，应及时毁田补种。

3. 迟效性除草剂误用引起的药害，对小麦的为害表现缓慢，有的甚至到小麦成熟时才表现出来，并且药害带来的损失也多是毁灭性的。对于这类除草剂药害应加强诊断，在技术部门指导下，针对不同除草剂产生的药害，选用适宜的药剂进行解毒，补偿生长。毁田补种时也要在技术部门指导下，补种对除草剂耐性强、生育期适宜的作物，避免发生二次药害。